食品发酵工艺学

Food Fermentation Technology

（双语教材）

赵　蕾　主编

刘同军　韩立英　副主编

科学出版社

北　京

内 容 简 介

本书是食品发酵工艺学双语教学的配套教材，包括发酵工艺学的理论教学与实验教学内容。全书力求简明扼要，并采用多种形式将专业英语揉进本书内容中。理论部分共10章，分别为绪论、菌种与种子制备、工业培养基制备、培养基灭菌与空气除菌、发酵过程控制、下游加工过程、传统发酵食品、有机酸、氨基酸与核苷酸、微生物保健食品与食品添加剂，各章均设有英文摘要、英文标题和图表、英文总结框图及英文思考题，对主要知识点以英文框的形式加以强化。实验部分由验证性实验、综合性实验和探索性实验3部分组成，每部分均有相应的英文概要。书后附主要参考文献、本书出现的专业词汇及中文对照。

本书可供高等院校食品、生物等相关专业本科生使用，也适合相关专业研究生及教师参考。

图书在版编目（CIP）数据

食品发酵工艺学：双语教材/赵蕾主编. —北京：科学出版社，2016

ISBN 978-7-03-048696-7

Ⅰ. ①食… Ⅱ. ①赵… Ⅲ. ①发酵食品–生产工艺–双语教学–教材–汉、英 Ⅳ. ①TS26

中国版本图书馆CIP数据核字（2016）第129415号

责任编辑：刘 畅 / 责任校对：赵桂芬
责任印制：赵 博 / 封面设计：迷底书装

科学出版社 出版
北京东黄城根北街16号
邮政编码：100717
http://www.sciencep.com

北京华宇信诺印刷有限公司印刷
科学出版社发行 各地新华书店经销

*

2016年6月第 一 版 开本：787×1092 1/16
2025年8月第八次印刷 印张：12
字数：284 000

定价：59.80元

（如有印装质量问题，我社负责调换）

前　言

在经济日趋全球化的当今社会，培养有国际视野和国际竞争力的人才，已成为高等教育的重要议题之一。高校双语教学的实施，是逐步实现教育与国际接轨的有效措施，学生在学习专业知识的同时，接触专业英文，有利于今后更好地开阔视野，应对挑战。

“发酵工艺学”是山东师范大学生命科学学院食品科学与工程系的专业必修课，自 2009 年开展双语教学以来，得到了广大学生的支持与厚爱。由于英文原版教材不能完全适应本课程的教学，加之普通院校大多数学生对全英文教材阅读的困难，以及外文书价难以接受等现实，教材问题一直未能得到有效解决。编写一本适合目前大学生英语水平，并对大学生系统获得专业知识、扩大专业英文课外阅读有所帮助的双语教材，是编写本书的宗旨与目标。

本书编写特点如下。

1. 基础理论与相关实验相结合

发酵工艺学是食品科学中理论性较强、应用较广的学科，本书注重理论的系统性，并将与之对应的实验内容作为本书的一部分。全书分为理论部分和实验部分，理论部分包括 10 章，前 6 章是发酵工程的一条主线，即共性的问题。后 4 章是典型发酵产品的生产工艺，是个性的体现。实验部分包括验证性实验、综合性实验和探索性实验，力求将理论部分的重要内容通过实验加以强化，并形成完整的实验体系。

2. 英文表述与中文主体相结合

本书不是简单的中英文对照形式，而是在中文主体内容的系统介绍中，揉进多种英文表述形式。书中的标题及专业词汇后面有相应的英文标注，每章的开头设英文摘要（Abstract），帮助学生了解本章的主要内容，文中有显示重要内容的英文框（Box），每章最后有英文总结框图（Summary）及英文思考题（Review Questions），便于学生掌握本章的知识结构与重点。图、表均采用英文编排，书后附有文中及图、表中出现的英文专业词汇及其中文注解，方便学生阅读时查阅。实验部分除了标题的英文标注之外，还将实验内容以英文概要（Essentials）的形式提炼出来，便于学生对实验总体过程的掌握。

本书的编写得到了科学出版社编辑的大力支持；山东师范大学韩立英老师编写了部分章节，齐鲁工业大学刘同军老师对本书的图、表与文字做了修正；山东省食品发酵研究院袁建国先生对本书部分实验提供了相关的资料与实验材料；临沂大学高翠娟老师、山东师范大学杜淑媛老师对本书部分章节做了修改；路晓媛、崔庆宇、丁鲁冰、刘春杰承担了校对和实验等工作，在此一并致谢。

双语教材的编写是新形势下高校教学改革的重要内容，能将多年积累的教学素材整理出来，供求知若渴的学生使用，实乃一件有意义的工作。由于编者的学识、英文水平、经验和精力所限，虽经反复推敲与斟酌，不足之处仍在所难免，诚请国内外同行、专家及广大读者指正。

赵　蕾

2016 年 6 月

目　　录

下篇　实 验 部 分

上篇　理 论 部 分

第一章 绪　论
Introduction

Fermentation deals with the production of microbial biomass or microbial products. This process occurs naturally in many different foods under certain conditions, and humans have intentionally made use of it for many thousands of years. The earliest uses of fermentation were most likely to create alcoholic beverages such as spirit, wine and beer. While a vast range of industrial products which were earlier made by chemical processes are now being made with the help of microbes, such as acetic acid and citric acid. The fermentation process basically consists of three factors: ① Microbes; ② Fermentation media; ③ Fermenters.

Contrary to the belief that microbes are harmful to humans, some of microbes are either harmless or beneficial to humans with their products. For example, nearly all commercial enzymes are made by fermentation with genetically modified microbes. In some cases, production of biomass itself is the objective, as in the case of baker's yeast and lactic acid bacteria starter cultures for cheese making. Microbe based industrial products have made inroads in all walks of life i.e. health, food, agriculture, industrial chemicals and environmental sector.

我国西晋时期史学家陈寿在《三国志》中有一句名言："国以民为本，民以食为天"(People is the basic of a country, food is the basic of the people)。这说明自古以来，食品在人们日常生活中占据重要地位。发酵食品（fermented food）是通过微生物（microorganism）的作用而制成的食品或食品原料，最早是家庭作坊式生产，后经不断演化，现已成为一种独特的食品加工方法。

发酵过程中，原料中的不溶性高分子物质在微生物的作用下分解为可溶性的低分子化合物，提高了产品的生物有效性（biological availability），形成了独特的色、香、味、形。发酵食品的主要特点为：①货架期长；②风味独特；③营养价值高。

第一节　发酵的历史
History of Fermentation

一、发酵的概念（Concept of fermentation）

发酵的英文"fermentation"源于拉丁语"fervere"，原意为"发泡"或"翻涌"，这是人们早期对发酵现象的认识。例如，中国黄酒和欧洲啤酒的酿造就是以起泡现象作为判断发酵进程的指标。但对引起发酵的微生物及发酵本质的认识却经历了漫长的过程。

对于生物化学家来说，发酵是狭义的概念，仅指有机化合物在厌氧条件下进行不彻底的分解代谢释放能量的过程。对于微生物学家来说，发酵是广义的概念，指微生物在有氧或无氧条件下利用营养物进行生产的过程。本书的发酵是广义的概念。

发酵（fermentation）是指成分单一、风味要求不高的产品（如谷氨酸、柠檬酸等）的生产。酿造（brewing）是指成分复杂、风味浓郁的产品（如啤酒、葡萄酒等酒类及酱油、醋等调味品）的生产。

Box 1-1 Concept of fermentation

The term "fermentation" is derived from the Latin verb, fervere, which describes the action of yeasts on the extracts of fruit or malted grain and producing bubbles of carbon dioxide to form a "boiling" appearance. However, fermentation has come to have different meanings to biochemists and industrial microbiologists. Biochemical meaning of fermentation is generally related to the generation of energy by the catabolism of organic compounds, whereas the meaning in industrial microbiology is much broader. In food fermentation industry, various products such as beer, wine, cheese, yogurt, soy sauce could be created from the conversion of bio-resources.

二、发酵的本质（The nature of fermentation）

（一）微生物的发现（Discovery of microorganism）

17 世纪后叶，荷兰的安东·列文虎克（Antony van Leeuwenhoek）（Figure 1-1）发明了世界上第一台显微镜（microscope），在人类历史上首次用肉眼看到了微生物，但仍然没有发现微生物与发酵的关系，“自然发生说”（spontaneous generation）盛极一时。

（二）微生物与发酵的关系（Relationship between microbe and fermentation）

19 世纪中叶，法国微生物学家路易斯·巴斯德（Louis Pasteur）（Figure 1-2）利用“曲颈瓶实验”（retort experiment）否定了“自然发生说”，揭示了发酵是微生物作用的结果，但对微生物控制技术还没有很好的掌握。

（三）纯培养的建立（Establishment of pure culture）

19 世纪后叶，德国细菌学家罗伯特·科赫（Robert Koch）（Figure 1-3）建立了微生物的纯培养（pure culture）技术，成功地获得了各种纯培养微生物并应用于发酵产品的生产，结束了巴斯德时期发酵过程不能利用纯种培养的局面。

（四）发酵本质的揭示（Revelation of nature of fermentation）

1897 年，德国生物化学家爱德华·布赫纳（Eduard Buchner）（Figure 1-4）用酵母完全破碎后的提取液仍然能够完成发酵，即“无细胞发酵”（cell-free fermentation）的实验，阐明了引起微生物发酵的化学本质是酶（enzyme），将生物化学和微生物学联系了起来。

Figure 1-1 Antony van Leeuwenhoek（1632—1723）

Figure 1-2 Louis Pasteur（1822—1895）

Figure 1-3 Robert Koch（1843—1910）

Figure 1-4 Eduard Buchner（1860—1919）

Box 1-2 Historical evolution of microbial biotechnology

The processes affected by living yeast, such as baking, brewing and wine making, were not recognized until the 17th century, by Antony van Leeuwenhoek, while definitive proof of the fermentative abilities of these minute organisms came from the studies of Louis Pasteur between 1857 and 1876.

Louis Pasteur, carried out detailed investigation on beer and wine brewing and worked out clearly the mechanism of ethanol fermentation. He also demonstrated that bacteria cause souring in milk, a process formerly thought to be merely a chemical change, and his work in identifying the role of microorganisms in food spoilage led to the process of pasteurization. He defined fermentation (incorrectly) as "life without air", but correctly showed that specific types of microorganisms cause specific types of fermentations and specific end-products. Pasteur can be justifiably considered as the father of microbiology.

Many scientists, including Louis Pasteur, did not explain the basic nature of the fermentation process. Success came in 1897 when the German chemist Eduard Buchner ground up yeasts, extracted a juice from them, then found to his amazement that this "dead" liquid would ferment a sugar solution, forming carbon dioxide and alcohol much like living yeasts. Eduard Buchner's results are considered to mark the birth of biochemistry. It was then understood that fermentation is caused by these enzymes produced by microorganisms. In

1907, Eduard Buchner won the Nobel Prize in chemistry for his work.

The German doctor Robert Koch is considered the founder of modern bacteriology. He stated the importance of pure cultures in isolating disease-causing organisms and developed a new experimental method which are summarized in Robert Koch's four postulates to test whether a particular microorganism is the cause of a disease.

第二节　发酵产品的类型

Types of Fermentation Products

按照发酵产品的性质，将发酵产品分为微生物代谢产物、微生物酶、生物转化产物、微生物菌体及重组产品。

一、微生物代谢产物（Microbial metabolites）

生物体在代谢过程中产生许多重要的代谢产物，可分为初级代谢产物和次级代谢产物。

1. 初级代谢产物（Primary metabolites）

初级代谢（primary metabolism）是指微生物从外界吸收各种营养物质，通过分解代谢（catabolism）和合成代谢（anabolism），通常在对数生长期（logarithmic phase）生成的、维持细胞生长所需物质和能量的过程。这一过程的产物如糖（sugar）、氨基酸（amino acid）、脂肪酸（fatty acid）、核苷酸（nucleotide）及由这些化合物聚合而成的高分子化合物称为初级代谢产物。

2. 次级代谢产物（Secondary metabolites）

次级代谢（secondary metabolism）是在稳定生长期之后，以初级代谢产物为前体合成的化学结构复杂、对微生物本身生命活动没有明确功能的物质的过程。这一过程的产物如抗生素（antibiotic）、毒素（toxin）、激素（hormone）、色素（pigment）等称为次级代谢产物。

初级代谢和次级代谢的比较见 Figure 1-5。

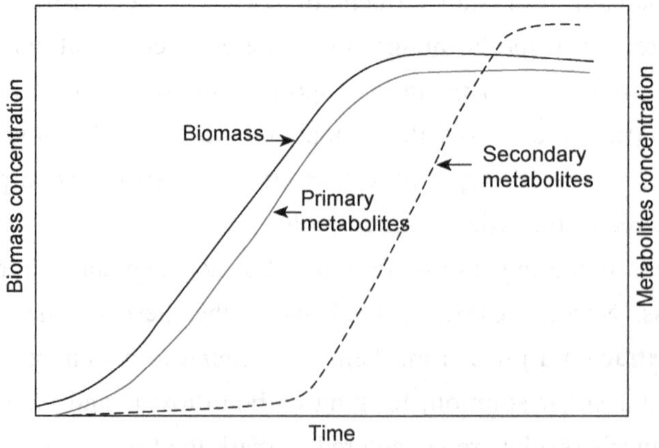

Figure 1-5　Profiles of cell growth, primary and secondary metabolites production

Box 1-3　Production of extracellular metabolites

Microbial metabolites can be divided into two groups: those produced during the growth phase of the organisms were called primary metabolites and those produced during the stationary phase were called secondary metabolites.

A primary metabolite is directly involved in normal growth, development and reproduction. It usually performs a physiological function in the organism. A common example is ethanol or lactic acid, produced during glycolysis. Conversely, a secondary metabolite is not directly involved in those processes, but usually has an important ecological function. Many secondary metabolites have antimicrobial activity. Some of them are specific enzyme inhibitors, some are growth promoters, and many have pharmacological properties.

二、微生物酶（Microbial enzymes）

酶普遍存在于动植物细胞和微生物细胞中，早期主要从动植物组织中提取，现主要以微生物发酵法生产，其优点是可以通过添加诱导物（inducer）、突变（mutation）及重组技术（recombination technology）解除阻遏或抑制以提高产量，并获得动植物来源的酶。有些工业用酶不需要纯化，连同微生物细胞一起利用，如传统白酒发酵所用的“曲”（复合酶制剂），在生产中起到分解淀粉和蛋白质等原料的作用。

Box 1-4　Microbial enzymes

Enzymes are considered as a potential biocatalyst for a large number of reactions. Particularly, the microbial enzymes have been widely used in different industrial and therapeutical purposes. Moreover, they are also more active and stable than plant and animal enzymes. In addition, the microorganisms represent an alternative source of enzymes because of their biochemical diversity and susceptibility to gene manipulation and also they can be cultured in large quantities in a short time by fermentation. Industries are looking for new microbial strains in order to produce different enzymes to fulfil the current enzyme requirements.

三、生物转化产物（Bioconversion products）

生物转化是利用生物细胞中一种或多种酶，将一种化合物转变成结构类似且具有更大经济价值的化合物。生物转化的最终产物并非由营养物质经微生物细胞代谢后产生，而是由微生物细胞中的酶对底物进行生物催化形成的，催化反应包括脱氢、氧化、脱水、缩合、羟化、氨化、脱氨、异构化等。生物转化最明显的特点是特异性强，包括反应特异性、结构位置特异性和立体特异性。

与化学反应相比，生物转化有许多优点，如反应条件温和、对环境污染小等。最简单的生物转化是醋酸菌将乙醇氧化成乙酸生产食醋的过程，还有诸如葡萄糖转化成葡萄糖酸，山梨醇转化成 L-山梨糖生产维生素 C 的过程，以及类固醇、抗生素等一些高附加值的产品。常利用固定在惰性载体上的固定化细胞（immobilized cell）或固定化酶（immobilized enzyme）的方法进行转化。

四、微生物菌体（Microbial biomass）

以获得具有特定用途的微生物细胞为目的，其生产特点是生长稳定期时菌体细胞浓度最大，产量最高。传统菌体发酵业主要分为两类：一是用于面包工业的酵母培养；二是用于人类食品或动物饲料的微生物菌体培养，如单细胞蛋白（single cell protein, SCP）。现代菌体发酵业还包括藻类（algae）、食用菌（edible mushroom）、活性乳酸菌（active lactobacillus）、疫苗（vaccine）、生物杀虫剂（biopesticide）和杀菌剂（fungicide）等。

Box 1-5 Microbial biomass

Microbial cells or biomass are sometimes the targeted product of fermentation. The prime example is the production of single cell proteins (SCP) which are in fact whole cell of *Spirullina* (an algae), *Saccharomyces* (a yeast) and *Lactobacillus* (a bacterium). SCP is essentially rich in amino acids which are either absent in vegetarian food or present in low amount e.g. lysine, threonine, methionine, leucine, isoleucine etc. In the case of single-cell protein, algae is grown in large open ponds which allows photosynthesis to occur. If the biomass is to be used for inoculation of other fermentations, mutations must be prevented.

五、重组产品（Recombinant products）

重组 DNA 技术的出现扩大了发酵产品的来源，来自高等生物的基因可以转入微生物细胞从而合成外源蛋白质，作为寄主的微生物包括大肠杆菌（*Escherichia coli*）、酿酒酵母（*Saccharomyces cerevisiae*）及丝状真菌（filamentous fungi），利用基因工程菌可以生产原有微生物所不能生产的新产品，如胰岛素（insulin）、干扰素（interferon）和白细胞介素（interleukin）等。

Box 1-6 Recombinant product

The advent of recombinant DNA technology has extended the range of potential fermentation products. Genes from higher organisms may be introduced into microbial cells so that the recipients are capable of synthesizing exogenous proteins. Many microbial cells have been used as hosts such as *Escherichia coli*, *Saccharomyces cerevisiae* and filamentous fungi. The products produced by engineered organisms include interferon, insulin, human serum albumin and so on. Important factors in the design of these processes are the secretion of the product, minimization of the degradation of the product, control of the onset of synthesis during the fermentation, and maximizing the expression of the foreign gene.

重要的微生物产品见 Table 1-1。

Table 1-1 Important microbial products

Category	Products
Primary metabolites	Enzymes, amino acids, nucleotides, organic acids, ethanol
Secondary metabolites	Antibiotics, hormones, pigments, toxins
Microbial biomass	Baker's yeast, single cell protein, probiotics, vaccines
Recombinant products	Insulin, streptokinase, interferons, growth hormones, vaccines

第三节 发酵过程的共性
Common Process of Fermentation

发酵工业的各个环节组成了一套复杂的系统工程。为了达到整体的高产率和高效益，必须在微生物菌种、生产原料和生产工艺等环节上提高水平，并加强各环节之间的协调性。

发酵工业主要包括以下几个组成部分。

一、菌种与种子制备（Strain and inoculum development）

微生物菌种是高效率发酵的根本，大规模工业化生产用菌种是目的产物的高产菌种。通过微生物菌种的诱变筛选（mutation screening）、原生质体融合（protoplast fusion）或基因工程（genetic engineering）方法获得高产菌种；通过育种（breeding）、复壮（rejuvenation）等技术保持菌种的优势性能；通过菌种的扩大培养，获得足够数量的微生物供发酵罐使用。具体内容见第二章。

二、工业培养基制备（Preparation of industrial medium）

对于许多发酵产品来说，原料成本在总生产成本中所占比例很高。大规模生产中选用的培养基原料应尽量做到因地制宜、质优价廉，以降低成本。培养基成分及配比需按照生产菌种的特性及要求进行最优化设计（optimization design）。具体内容见第三章。

三、培养基灭菌与空气除菌（Medium sterilization and air filtration）

除传统发酵外，大多数发酵过程是在无杂菌状态下的纯种发酵（pure fermentation），培养基、培养设备及管道都必须经过彻底灭菌，通入的空气或中途的补料也必须是无菌的。好氧发酵工厂应具备无菌空气制备系统。具体内容见第四章。

四、发酵过程控制（Fermentation process control）

发酵过程除了受菌种本身影响之外，发酵工艺条件的控制也是影响发酵过程和发酵水平的重要因素。通过控制培养基组成、培养温度、pH、供氧等条件，可维持特定的发酵条件，使生产菌种处于产物合成的优化环境之中。具体内容见第五章。

五、下游加工过程（Downstream processing）

下游加工过程是将微生物发酵液或微生物菌体细胞中的某些成分，经分离、纯化和精制得到发酵产品，下游技术的优化和改进与产品的质量优劣、成本高低及市场竞争力有直接关系，是未来工业微生物领域中重要的发展方向。具体内容见第六章。

发酵生产的主要工艺流程见 Figure 1-6。

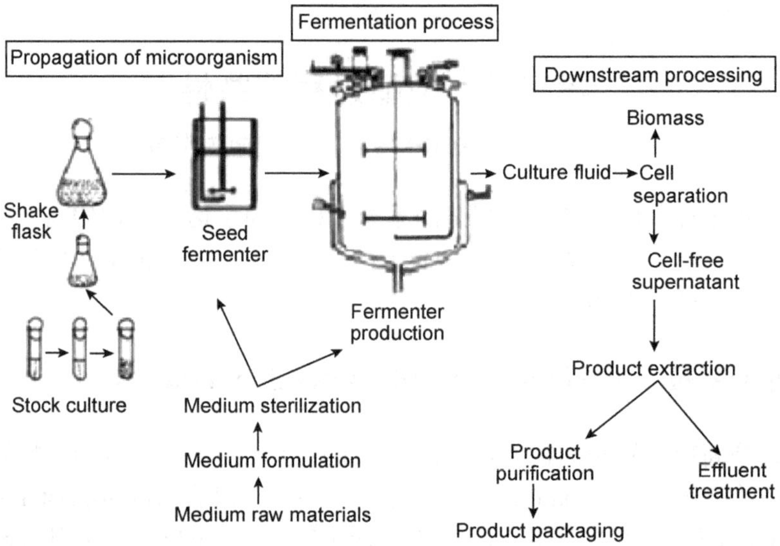

Figure 1-6　A generalized schematic representation of a typical fermentation process

第四节　发酵工程的任务

The Tasks of Fermentation Engineering

发酵工程是生物技术的重要组成部分，在国民经济中占有重要地位，遍及轻工、食品、化工、医药、农业、能源、环保等众多领域，是有效解决当今社会面临的能源短缺、环境污染和资源匮乏等重大问题的关键技术之一，是人类社会实现可持续发展的重要手段。

一、发酵工程的特点（Characteristics of fermentation engineering）

发酵工业与化学工业的最大区别在于，发酵工业是利用生物体中的酶进行催化反应，其主要特征为：①反应条件温和；②材料来源广泛；③是纯种培养过程；④反应自动调节；⑤代谢产物多样。

二、发酵工程的应用（Applications of fermentation engineering）

发酵工程是以可再生生物资源为原料，以微生物或酶为催化剂进行物质转化，大规模生产人类所需产品的技术产业，在国民经济和社会发展中的应用领域如下。

（一）食品工业（Food industry）

食品工业是世界上最大的产业之一，也是微生物技术最先应用的领域。发酵工程应用于食品的生产和开发，主要体现在：①以农副产品为原料，生产具有高附加值的产品；②用淀粉水解糖生产氨基酸、维生素等各类食品添加剂；③对产品进行二次开发，形成新产品；④改良传统食品加工工艺，提高产品品质。

（二）医药工业（Pharmaceutical industry）

发酵工程在医药卫生领域应用最广，发展最快，潜力最大，在各类抗生素、维生素、甾体激素类药物的生产中发挥了巨大作用，还可利用动植物细胞反应器生产单克隆抗体（monoclonal antibody）、干扰素、紫杉醇等药物。

（三）化学工业（Chemical industry）

利用微生物可以生产乙醇（ethanol）、甘油（glycerol）、丙酮（acetone）、丁醇（butanol）等化工原料，乙酸（acetic acid）、乳酸（lactic acid）、苹果酸（malic acid）、水杨酸（salicylic acid）等有机酸（organic acid）和右旋糖酐（dextran）等多糖，未来在生产新型、环保的高分子材料方面具有巨大潜力。

（四）农业生产（Agricultural production）

利用发酵工程生产农用抗生素、生物杀虫剂和杀菌剂，既能保护环境和人类健康，又能减少化学农药引起的抗药性，具有广阔的发展前景。

（五）生物能源（Bio-energy）

清洁可再生生物能源的开发和利用是公众关注的热点问题，生物能源的主要形式是燃料乙醇、生物柴油、生物制氢、沼气等，发酵技术的进步将会大大推动生物能源技术的发展。

（六）环境保护（Environmental protection）

在当今世界人口膨胀、食品和能源资源不足、生态环境遭到严重破坏的情况下，利用发酵工程治理环境，具有效率高、成本低、不存在二次污染等特点，受到人们的广泛关注。

Box 1-7 Benefits from the fermentation industry

Fermentation can be spontaneous or induced by specific microorganisms. It is a good example of traditional wisdom. The benefits of fermentation have been recognized since last century, for example:

1) The acid produced in fermentation helps to preserve food.

2) Fermentation improves the content of protein, vitamins, minerals and the absorption of important nutrients, particularly iron and zinc.

3) Fermentation can utilize a broad spectrum of raw materials as carbon sources, which include even waste products. Thus they help to remove pollutants as well.

4) Productivity can be increased using the top quality strains selected for high yield.

5) Fermentation can produce higher purity or chiral purity product than chemical engineering.

Except of making routine bioproducts, the modern fermentation also focuses on the issues of energy shortage and environmental pollution, which would have negative impacts on sustainable development of our society.

Summary

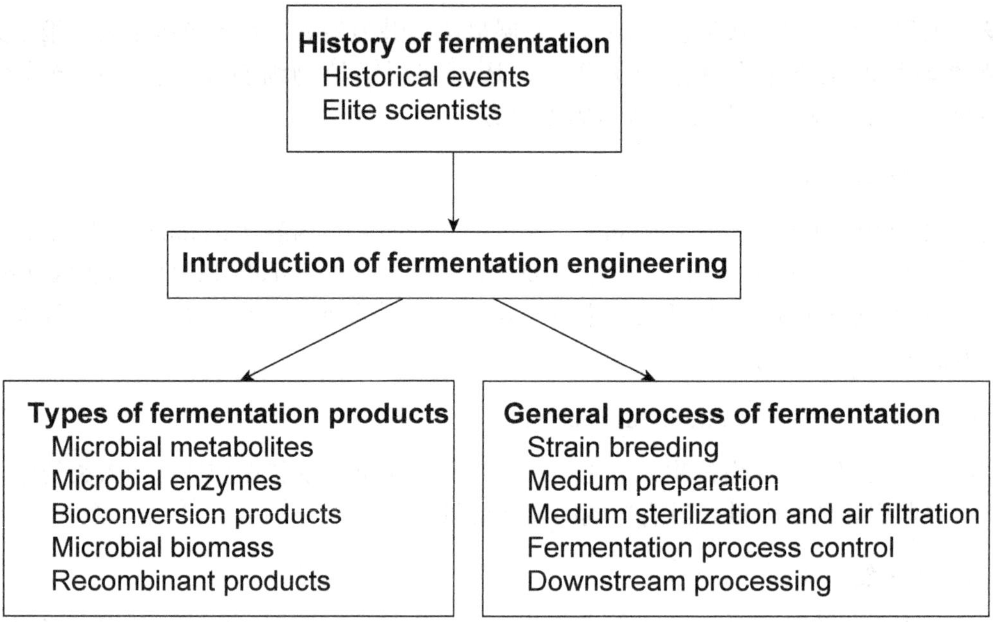

Review Questions

1. Cite the following scientists' outstanding contributions to the fermentation industry: Leeuwenhoek, Pasteur, Koch and Buchner.

2. What is fermentation and what are the main components of fermentation engineering?

3. What are the primary metabolites and the secondary metabolites? Give the differences between them with examples.

第二章　菌种与种子制备
Strain and Inoculum Development

Fermentation can be used as the method to preserve food and alter its quality. Its application can be divided into traditional biotechnology using conventional microorganisms and modern biotechnology involving engineered cells. Bacteria, yeast and mold are the most common microbes which are widely used in food industry. For example, *Saccharomyces cerevisiae* is used to leaven bread, brew beer and make wine. Lactic acid bacteria are used to make yogurt, cheese, pickles and fermented sausages.

To enhance fermentation productivity, the first step for strain breeding or strain engineering is mutation and selection. Because of the rapid and profound development of biotechnology, it is now possible to improve industrial strains by transformation or reconstruction of a gene encoding for the key enzyme of a biosynthetic pathway, and remarkable results have been achieved in this field.

After obtaining a high-yield producing strain in the laboratory, subsequent scale-up fermentation and optimization will take place. Inoculum development is the preparation of seed culture in sufficient amounts for scale-up fermenter vessel. This involves cultivating the microorganisms obtained from the pure stock culture in several consecutive fermenters. In this regard, fermentation can be considered as a process in which microorganisms that are cultured on a large-scale under aerobic or anaerobic conditions, convert candidate substrate into the target product which is useful to human being.

优良的微生物菌种是发酵工业的基础和关键。从自然界中筛选到的野生菌种往往产量不高，难以达到生产的要求。通过诱变育种、杂交育种、原生质体融合、基因工程育种等高新技术手段，可改变菌种的遗传性状，从而为发酵工业提供性能优良的微生物生产菌种。

第一节　工业微生物
Industrial Microorganisms

一、典型微生物（Typical industrial microbes）

（一）细菌（Bacteria）

细菌是发酵工业中使用最多的一类单细胞微生物，常用的大多是杆菌，如乳杆菌（*Lactobacillus*）、醋酸杆菌（*Acetobacterium*）、棒杆菌（*Corynebacterium*）、芽孢杆菌（*Bacillus*）等。

1. 乳酸菌（Lactic acid bacteria，LAB）

乳酸菌是一类能够发酵糖类产生大量乳酸的革兰氏阳性无芽孢细菌的总称，至少分 18 个属、200 多个种。主要代表属有乳杆菌属（*Lactobacillus*）、链球菌属（*Streptococcus*）、明串珠菌属（*Leuconostoc*）、片球菌属（*Pediococcus*）、双歧杆菌属（*Bifidobacterium*）。Figure 2-1 是乳杆菌的扫描电镜图片。

乳酸菌常用于生产酸奶（yoghourt）、奶酪（cheese）、乳酸菌饮料（lactic acid bacteria

beverage）及泡菜（pickles）等。肠道中的乳酸菌能够帮助消化，是人体内的益生菌。

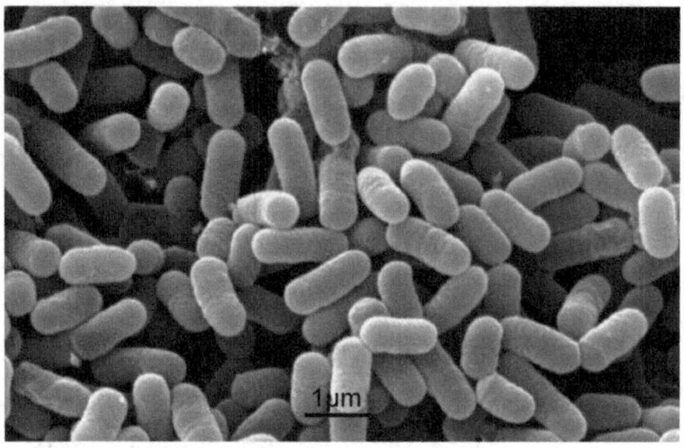

Figure 2-1　Scanning electron micrograph of *Lactobacillus*

2. 醋酸杆菌（*Acetobacterium*）

醋酸杆菌是一类好氧、无芽孢的革兰氏阴性短杆菌，分两个菌群：一个是周生鞭毛菌，能将乙醇氧化生成乙酸，并将乙酸进一步氧化成 CO_2 和水；另一个只能氧化乙醇生成乙酸，不能进一步氧化乙酸，但能将葡萄糖氧化生成葡萄糖酸，如醋单胞菌（*Acetomonas*）或葡萄糖氧化杆菌（*Gluconobacter*）。工业上常用于酿醋、生产葡萄糖酸及维生素 C 等。酿酒时如果污染醋酸杆菌，好氧条件下就会将美酒变成醋。

3. 芽孢杆菌（*Bacillus*）

芽孢杆菌是一类能形成芽孢的、革兰氏阳性、需氧或兼性厌氧的杆菌或球菌，对外界有害因子抵抗力强，分布广。代表菌种是枯草芽孢杆菌（*B. subtilis*）、纳豆芽孢杆菌（*B. natto*）、地衣芽孢杆菌（*B. licheniformis*）、蜡状芽孢杆菌（*B. cereus*）、巨大芽孢杆菌（*B. megatherium*）等。其中，枯草芽孢杆菌是工业上生产淀粉酶和蛋白酶的常用菌株。

4. 棒杆菌（*Corynebacterium*）和短杆菌（*Brevibacterium*）

棒杆菌和短杆菌均为革兰氏阳性无芽孢专性好氧细菌。谷氨酸棒杆菌(*C. glutamicum*)常被用于大规模生产谷氨酸。黄色短杆菌（*B. flavum*）能发酵葡萄糖生产 L-谷氨酸，也能利用天冬氨酸合成赖氨酸、苏氨酸等人体必需氨基酸。

（二）酵母菌（Yeast）

酵母菌是一群属于真菌的单细胞微生物，通常以出芽方式进行无性繁殖（Figure 2-2），也有少数酵母进行有性繁殖。可发酵葡萄糖、果糖及甘露糖生成乙醇和甘油，广泛用于面包、乙醇、单细胞蛋白及酶制剂的生产。从酵母菌体中还可提取核糖核酸、细胞色素 c 等医药产品。工业中常用的酵母菌有以下几种。

1. 酿酒酵母（*Saccharomyces cerevisiae*）

酿酒酵母是酵母属中应用最广泛的一类酵母，常用于面包、啤酒、葡萄酒、果酒等产品的生产，现代分子生物学中用其作为真核模式生物。

2. 假丝酵母（*Candida*）

假丝酵母是能形成假菌丝、不产生子囊孢子的酵母，可利用尿素、糖蜜及其他工业废液生产单细胞蛋白，供食用或饲料用，其中产朊假丝酵母（*C. utilis*）的蛋白质及 B 族维生素含量均高于酿酒酵母。

3. 毕赤酵母属（*Pichia*）和汉逊酵母属（*Hansenula*）

这两个属的酵母均为产膜酵母，即在液体表面形成白色菌膜，使液体浑浊，是乙醇及酿造工业的有害菌。

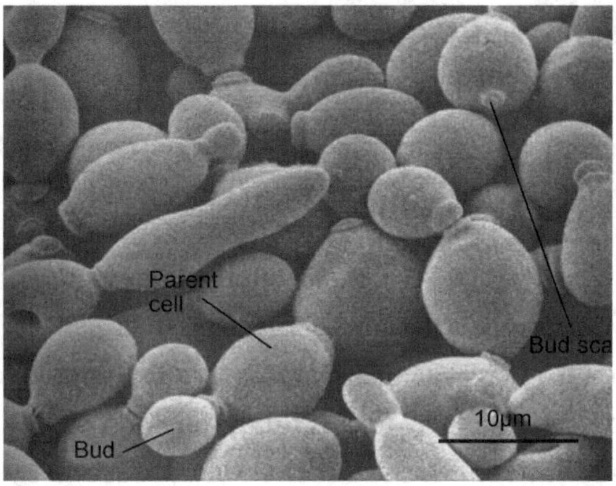

Figure 2-2　Scanning electron micrograph of budding yeast

（三）霉菌（Mould）

霉菌不是分类学的名词，是丝状真菌的俗称，意为“发霉的真菌”，常形成分枝繁茂的菌丝体，但又不像蘑菇那样产生大型的子实体。霉菌与人类日常生活关系密切，在发酵工业和酶制剂工业中应用广泛。工业上常用的霉菌有：红曲霉（*Monascus*）、毛霉（*Mucor*）、根霉（*Rhizopus*）、犁头霉（*Absidia*）、曲霉（*Aspergillus*）和青霉（*Penicillium*）等。4 种代表性霉菌的形态如 Figure 2-3 所示。

1. 红曲霉（*Monascus*）

红曲霉是一种腐生丝状真菌，菌丝体生长过程中会产生大量胞外色素和胞内色素，我国最早将其用于培制红曲，多呈红色。工业上利用紫色红曲霉（*Monascus purpureus*）产生的淀粉酶、蛋白酶和红曲色素酿酒、制醋、做豆腐乳的着色剂及调味剂。近年来还发现一些红曲霉产生的活性物质具有降胆固醇、降血压及预防和治疗其他疾病的功能。

2. 曲霉（*Aspergillus*）

曲霉是引起多种物质霉腐的主要微生物之一，种类繁多，分布广泛，其中黄曲霉（*A. flavus*）产生的毒素是强烈的致癌物。工业上主要利用曲霉生产各种酶制剂和有机酸。例如，利用黑曲霉（*A. niger*）生产柠檬酸、草酸、葡萄糖酸、糖化酶、酸性蛋白酶、果胶酶、丹宁酶等。利用米曲霉（*A. oryzae*）产生的糖化酶、蛋白酶、纤维素酶、植酸酶等，将原料中的淀粉、蛋白质、纤维素、植酸等难以吸收的物质降解，在食品、饲料、酿酒等行业中应用广泛。

3. 毛霉（*Mucor*）

毛霉用途广泛，常用于制备酒药。利用其产生淀粉酶的性质制曲、酿酒；利用其产生蛋白酶的性质酿制腐乳、豆豉等。代表种有总状毛霉（*M. racemosus*）、高大毛霉（*M. mucedo*）、鲁氏毛霉（*M. roxianus*）等。

4. 根霉（*Rhizopus*）

根霉的淀粉酶活性强，常作为米酒、黄酒生产中的糖化菌，也能生产延胡索酸、乳酸等有机酸及芳香性的酯类物质。黑根霉（*R. nigricans*）、华根霉（*R. chinensis*）和米根霉（*R. oryzae*）是发酵工业中常用的菌株。

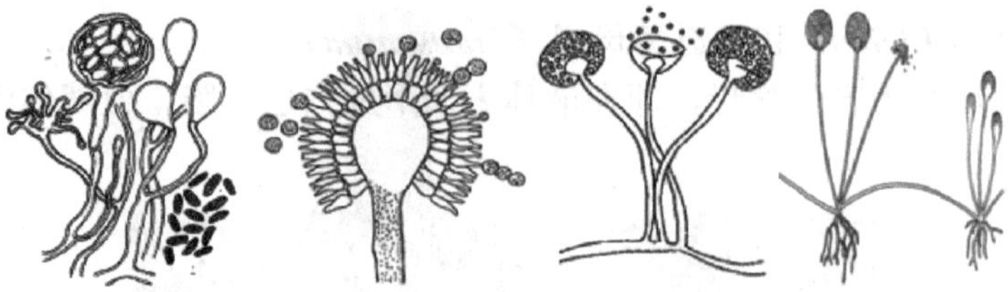

Figure 2-3　Diagram photos of four representative moulds

Box 2-1　Food microbiology

Food microbiology focuses on the microorganisms that can be beneficial or harmful to foods. For examples, some microorganisms are essential for production of cheese, yogurt, bread, beer, wine and other fermented foods. Study on food safety is a major task in food microbiology. Pathogenic bacteria, viruses and toxins produced by microorganisms are all possible contaminants in foods. Nevertheless, microorganisms and their products can also be used to combat these pathogenic microbes. "Good" bacteria, such as probiotics that produce bacteriocins, are becoming increasingly important in food science. Alternatively, purified bacteriocins, such as nisin, as preservatives can be added directly to food products.

二、菌种的来源（Sources of strains）

工业微生物菌种一般通过以下几个途径获得。

（一）向菌种保藏机构索取（Acquiring from culture collections）

菌种是一个国家重要的生物资源，许多国家都设有相应的菌种保藏机构，其任务是广泛搜集并妥善保存实验室分离鉴定的菌种及生产菌种，便于研究、交换和使用。

1. 我国主要的菌种保藏机构（Major culture collection agencies in China）

中国微生物菌种保藏管理委员会（China Committee for Culture Collection of Microorganisms，CCCCM）委托中国科学院确定了以下七大菌种保藏管理中心。

1）中国普通微生物菌种保藏管理中心（China General Microbiological Culture Collection Center，CGMCC）；

2）农业微生物菌种保藏管理中心（Agricultural Culture Collection of China，ACCC）；

3）中国工业微生物菌种保藏管理中心（China Center of Industrial Culture Collection，CICC）；

4）医学微生物菌种保藏管理中心（China Medical Culture Collection Center，CMCC）；

5）抗生素菌种保藏管理中心（China Antibiotic Culture Collection Center，CACC）；

6）中国兽医微生物菌种保藏管理中心（China Veterinry Culture Collection Center，CVCC）；

7）中国林业微生物菌种保藏中心（China Forestry Culture Collection Center，CFCC）。

2. 国外著名菌种保藏中心（Famous foreign culture collection centers）

1）美国模式菌种收集中心（American Type Culture Collection, ATCC）；

2）美国农业研究菌种保藏中心（Agricultural Research Service Culture Collection, ARS）；

3）英国国立标准菌种收藏所（National Collection of Type Cultures，NCTC）；
4）英联邦真菌研究所（Commonwealth Mycological Institute, CMI）；
5）日本东京大学应用微生物研究所（Institute of Applied Microbiology, IAM）。

（二）从自然界采集（Collecting from nature）

发酵工业所用微生物菌种，最初是从自然界中分离筛选出来的，通常分为样品采集、富集培养、单菌落分离和性能测试等几个步骤。

1. 样品采集（Sampling）

自然界含微生物的样品极其丰富，但总体来讲，土壤是微生物的大本营，采样时可根据分离筛选的目的及微生物的生理特点选择相应的土壤及环境。例如，森林土壤有大量枯枝落叶和腐烂的木头，适合分离纤维素酶产生菌；在屠宰场或肉类加工厂附近的土壤里容易分离到蛋白酶或脂肪酶产生菌；在高温、高压、高盐、低 pH 环境中，容易分离到适应各种环境压力的微生物类群。

2. 富集培养（Enrichment）

富集培养是设计一种有利于目的微生物而不利于其他微生物生存的选择性培养基，使目的微生物由原来自然条件下的劣势菌株变成人工环境下的优势菌株，并将目的微生物引向纯培养的一种培养方法。富集方法有以下几种。

（1）控制培养成分（Control of medium components）

在增殖培养基中人为加入某种底物作为唯一碳源或氮源，使那些能分解利用这些营养物质的菌株生长繁殖而其他微生物的生长受到抑制。例如，要分离纤维素酶产生菌，可在富集培养基中以纤维素作为唯一碳源，使分解利用纤维素的菌被富集，富集培养基的选择性是相对的，得到的是营养类型相同的微生物群。

（2）控制培养条件（Control of culturing conditions）

通过控制 pH、温度、氧气、渗透压等条件使目的微生物增殖而达到有效分离。例如，细菌、放线菌生长繁殖一般要求偏碱环境（pH7.0～7.5），霉菌、酵母菌一般要求偏酸环境（pH4.5～6.0）。细菌的最适生长温度一般为 35～38℃，霉菌的最适生长温度一般为 25～28℃。

（3）抑制其他菌类（Inhibiting other microorganisms）

在富集培养基中加入某种抗生素抑制非目的微生物的生长，是目前广泛采用的一种方法。例如，分离细菌时，可加入制霉菌素、放线菌酮、杀真菌素等以抑制霉菌和酵母菌的生长；分离霉菌或酵母菌时，可加入青霉素、链霉素或四环素抑制细菌和放线菌的生长；分离芽孢杆菌时，由于芽孢耐高温，可先将样品加热到 80℃，杀死不产芽孢的菌株后再进行分离。

3. 单菌落分离（Single colony isolation）

富集培养后，样品中目的微生物已占据优势，但其他微生物仍然存在，通过进一步的分离纯化，可把目的菌株分离出来。

分离的方法分为两类：一类较粗放，只能达到“菌落纯”，如划线法、稀释涂布法；另一类较精细，能够达到“菌株纯”或“细胞纯”，如单细胞或单孢子分离法。

（1）划线法（Streaking method）

用接种环刮取部分样品，在平板上进行四区划线，培养后长出单菌落。

（2）稀释涂布法（Dilution spread method）

先用无菌水进行样品的梯度稀释，将不同稀释度的菌液分别涂布到固体培养基的表面，稀释度足够高的菌液可在培养基的表面形成单菌落。

（3）单细胞或单孢子分离法（Single cell or spore separation）

用培养皿或凹玻片等分离小室进行细胞分离，也可以用显微操作仪进行单细胞挑取，获得单细胞或单孢子。

4. 性能测试（Microbial activities assay）

生产性能测试分为初筛和复筛。

（1）初筛（Primary screening）

初筛要求筛选的菌株尽可能多，以量为主。有些菌的代谢产物能够与指示剂、显色剂或底物反应，可采用固体平板法，快速、简便地获得大量达到初步要求的菌株。

1）透明圈法（transparent circle method）：在平板培养基中加入溶解性较差的底物，使培养基浑浊，能分解底物的微生物在菌落周围产生透明圈，透明圈的大小反映该菌株利用底物的能力。该法多用于分离水解酶如脂肪酶、淀粉酶、蛋白酶等的产生菌。

2）呈色圈法（color circle method）：对于不易产生透明圈的微生物，可在分离培养基中加入指示剂或显色剂，使目的微生物能被快速地鉴别出来。例如，分离谷氨酸产生菌时，可在培养基中加入酸碱指示剂溴百里酚蓝，若平板上出现产酸菌，其菌落周围则变成黄色。

3）生长圈法（growth circle method）：常用于分离筛选氨基酸、核苷酸和维生素产生菌。用一些有特殊营养要求的微生物作为工具菌（往往是对应的营养缺陷型菌株），若待分离菌在缺乏上述营养物的条件下能合成该营养物，目的菌周围就会有工具菌生长，形成环绕菌落生长的生长圈。

4）抑菌圈法（antibacterial circle method）：常用于分离和筛选产生抗生素的微生物。采用对抗生素敏感的工具菌，若待分离菌产生某种抗生素，便会在该菌落周围形成工具菌不能生长的抑菌圈。

（2）复筛（Secondary screening）

初筛得到的菌株需要进一步复筛，通常采用摇瓶振荡培养，精确测定每个菌株的生产指标。复筛的目的是以选出稳定高产菌株为目的，要求菌株数量少，以质为主。

Box 2-2　Screening of microbes

Isolating microbes from environment is the first step in screening for an industrial product. Although numerous media have been devised for the growth of microbes, there is no single medium that can support all kinds of microbes. For example, if a soil sample is plated on nutrient agar (pH7.0) and incubated at 37℃ for 24-48h, only a fraction of aerobic mesophiles will be able to grow. Anaerobes, thermophiles, psychrophiles, alkalophiles and acidophiles will be missed and even slow-growing mesophiles (e.g. actinomyces) will not get a chance to grow. Also, if a microbe with antibacterial properties is picked up during screening, it may not allow the growth of some/all of other mesophiles.

第二节　菌种选育

Strain Breeding

菌种选育是发酵工业的重要环节。从自然界得到的微生物菌种往往产量不高，难以达到生产要求，因此人们往往通过诱变育种、杂交育种、原生质体融合及基因工程技术等方法获得优良生产菌种。

一、自然选育（Natural breeding）

自然选育是不经过人工处理，利用微生物的自然突变进行菌种选育的过程。菌种的自然突变（natural mutation）有两种可能性：一种是负突变（negative mutation），生产性能下降；另一种是正突变（positive mutation），生产性能提高。为保证生产水平的稳定，应经常淘汰退化的菌种，选出优良菌种。

自然选育的一般程序是将菌种制成菌悬液，用稀释法在平板上分离单菌落，再分别测定单菌落的生产性能，从中选出高水平菌种。但自然选育的效率低，常与诱变育种交替使用，以提高育种效率。

二、诱变育种（Mutation breeding）

诱变育种是加速基因突变的重要手段，具有速度快、收效大、方法简单等优点，是工业微生物育种中最重要、最有效的技术，但诱发突变缺乏定向性，必须与大规模筛选工作结合才能收到良好的效果。

（一）诱变育种的原理（Principles of mutation breeding）

菌种经诱变剂处理后可发生基因突变（位点突变）和染色体突变（染色体畸变）。基因突变（gene mutation）是指DNA中的碱基对发生变化。染色体突变（chromosomal mutation）是指染色体或DNA片段发生缺失、易位、逆位、重复等。

常用的诱变法有物理诱变、化学诱变和生物诱变。

1. 物理诱变（Physical mutagenesis）

物理诱变剂有紫外线（ultraviolet，UV）、X射线（X ray）、γ射线（gamma ray）、快中子（fast neutrons）等，其中最方便有效的是紫外线。紫外线是一种非电离辐射（nonionizing radiation），诱变的机制是造成DNA链的断裂或使DNA分子内或分子间发生交联反应。其他几种射线中的电离辐射（ionizing radiation）有一定的穿透性和危险性。

2. 化学诱变（Chemical mutagenesis）

化学诱变剂有烷化剂（alkylating agent）、碱基类似物(base analog)、亚硝酸（nitrous acid）等。使用化学诱变得到的突变体数量比电离辐射多，但大部分化学诱变剂是致癌的，使用时必须非常小心。

3. 生物诱变（Biological mutagenesis）

生物诱变剂包括噬菌体、转座子等，是将外源生物基因片段整合到细胞的染色体上或质粒上，常用噬菌体转染（phage transfection）和转座子插入（transposon insertion）的方法。

（二）诱变育种的步骤（Procedures of mutation breeding）

1. 出发菌株的选择（Selection of original strains）

1）选择对诱变剂敏感的菌株。例如，选择从自然界直接分离到的野生菌或经生产条件考验的、经多次育种处理每次均有一定提高的菌株为出发菌株。

2）选择纯系菌株作为出发菌株，以排除异核体或异质体菌株的影响。对于霉菌或放线菌等丝状体，尽量采用孢子进行处理，对于芽孢杆菌，应处理芽孢。

2. 诱变剂的选择（Selection of mutagen）

1）根据出发菌种的种类和遗传背景选择诱变剂。对于遗传不稳定的菌株，可采用温和或已见效果的诱变剂。对于遗传较稳定的菌株，可采用强烈且诱变谱广的诱变剂。

2）根据诱变剂本身的特点选择诱变剂。一般先考虑诱变频率较高的常用诱变剂，如紫外线、亚硝基胍（nitroso guanidine，NTG）、硫酸二乙酯（diethyl sulfate）等。还可以用两种以上的复合诱变剂进行诱变处理。

3）根据诱变后菌株的死亡率、形态变异率、营养缺陷型出现率确定诱变剂的剂量。任何诱变剂都有杀菌和诱变两方面的作用，一般高剂量（致死率在 90%以上）的变异范围大，低剂量能提高正突变率，有利于高产菌株的稳定。经多次诱变的菌株，宜用中等(致死率为 70%～80%）甚至更低的剂量。

（三）突变菌株的筛选（Screening of mutant strains）

诱变处理后，正突变的菌株通常为少数，必须进行大量的筛选才能获得高产菌株，筛选同样分为初筛和复筛，并针对不同的突变菌株选择相应的筛选方法。

1. 营养缺陷型突变菌株的筛选（Screening of auxotroph mutants）

营养缺陷型菌株是指通过诱变而产生的缺乏合成某些营养物质（如氨基酸或维生素等）的能力，必须在其基本培养基中加入相应的营养成分才能正常生长的变异株，在氨基酸、核苷酸生产中应用广泛。

营养缺陷型菌株属于代谢障碍突变株，常由结构基因突变引起合成代谢中酶失活，使菌株丧失末端产物的合成能力，从而解除了末端产物的反馈调节。只要在培养基中限量加入所需要的末端产物，克服菌体的生长障碍，就能使中间产物积累。

筛选营养缺陷型菌株的步骤是：淘汰野生型菌株，检出缺陷型菌株，确定营养缺陷型菌株生长谱。

（1）淘汰野生型菌株（Elimination of wild-type strains）

1）抗生素法：野生型菌株能在基本培养基（minimal medium, MM）中生长，而营养缺陷型菌株不能。将诱变处理液在 MM 中短时培养，野生型菌株处于活化状态，营养缺陷型菌株处于休眠状态，加入一定量的抗生素，野生型被杀死，缺陷型被保留。

2）菌丝过滤法：霉菌的孢子长出菌丝体后，可用滤纸过滤法将菌丝滤去，而营养缺陷型孢子因未发芽而不能滤去。

（2）检出营养缺陷型菌株（Detection of auxotroph strains）

原理是野生型菌株和营养缺陷型菌株在基本培养基和完全培养基（complete medium, CM）上的生长情况不同。营养缺陷型菌株在 CM 上生长良好，而在 MM 上不生长，而野生型都能生长。具体方法有影印法、点种法和夹层法。

（3）营养缺陷型菌株生长谱的确定（Auxanogram determination of auxotroph strains）

确定营养缺陷型菌株后，用生长谱法确定其缺陷因子。将微生物接种到缺少某种营养物的琼脂平板培养基上，再将所缺的营养物点植于平板上，若微生物需要此营养物，便会出现圆形菌落圈，此为生长谱法，微生物育种和营养缺陷型菌株的鉴定常用此法。

2. 抗反馈阻遏和抗反馈抑制突变菌株的筛选（Screening of mutant strains with feedback repression and feedback inhibition）

营养缺陷型突变株通过降低末端产物的浓度，解除其对中间代谢产物的抑制和阻遏。

如果欲积累终产物，则要筛选抗反馈阻遏和抗反馈抑制突变株，一般通过筛选抗结构类似物突变株的方法获得。结构类似物和末端产物结构类似，能与阻遏蛋白或变构酶结合，发生阻遏或抑制作用，但不能作为末端产物参与生物合成，从而造成正常细胞因缺乏末端产物而死亡。

但如果突变株解除了反馈调控，即末端产物无法与原阻遏物或调节亚基结合，那么结构类似物也无法起到反馈调节的作用，即使在结构类似物存在的条件下，抗反馈突变株仍可合成末端产物形成菌落。

3. 组成型突变株的筛选（Screening of constitutive mutants）

生物体内的酶有组成酶和诱导酶。酶制剂生产中，常采用分批限量加入诱导物的方法，以提高诱导酶的活性。若能改变菌株的遗传特性，使调节基因和操纵基因发生突变，筛选组成型突变株，即可解除对诱导物的依赖，提高酶产量。常用的筛选方法有以下几种。

1）抑制诱导酶合成：在培养基中加入抑制诱导酶合成的物质，使组成型菌株处于选择优势而被富集。

2）交替培养法：把诱变后的菌株加到含有诱导物如乳糖的培养基中培养，由于组成型菌株不需要诱导物就能合成 β-半乳糖苷酶，可以利用乳糖，先于诱导型生长，菌体数量增加很快。再将菌株转入葡萄糖培养基中，两类菌株同样生长繁殖，但诱导型菌株 β-半乳糖苷酶停止合成，此时再将菌株全部转入乳糖培养基，组成型菌株又获得一次优势生长，如此反复多次，组成型菌株数量大大超过诱导型菌株，用平板分离即可。

3）显色反应法：组成型突变株不经诱导即可产生某种酶，利用酶解后有颜色变化的底物，可快速筛选出组成型菌株。例如，利用邻硝基苯半乳糖苷筛选 β-半乳糖苷酶组成型突变株。

4. 抗性突变株的筛选（Screening of resistant mutants）

抗性突变株是指对抗生素、噬菌体、温度和金属离子等因素敏感或具有抗性的菌株，常用来提高某些代谢产物的产量。

1）抗生素抗性突变：各种抗生素抑制微生物代谢的机制各不相同，利用这些机制可使某些产物过量积累。例如，衣霉素可抑制细胞膜糖蛋白的合成，有利于胞内物质分泌到胞外，筛选枯草芽孢杆菌衣霉素抗性突变株，可使 α-淀粉酶的产量比亲本提高 5 倍。

2）抗噬菌体菌株的选育：噬菌体污染常给发酵工业带来巨大损失，筛选抗噬菌体菌株意义重大。诱变处理后，用高浓度噬菌体平板筛选抗性菌株。由于噬菌体容易发生变异，对噬菌体具有抗性的菌株也会因噬菌体变异而失去抗性，因此需要不断选育新的抗性菌株。

Box 2-3　Mutation breeding

The permanent inheritance change in the genetic make-up of the organism is called mutation. The agent which brings about the mutation is called mutagen. Basically there are three types of mutagens: ①Physical mutagens, e.g. radiations (UV rays, X rays, gamma rays); ②Chemical mutagens, e.g. nitroso guanidine (NTG), ethylmethane sulfonate (EMS), nitrous acids (HNO_2) etc; ③Biological mutagens, e.g. phage, transposon, which are based on molecular biology and the new developing of genetic engineering.

Mutations have been used successfully to increase the production of industrially important products. However, one must keep in mind that mutation carried out by physical or chemical agents listed above is a random process. It can affect any site on DNA thereby bringing undesirable changes in the organism. In spite of these drawbacks, many industrial strains have been subjected to mutations with positive results.

三、杂交育种（Hybridization breeding）

杂交育种是指将两个基因型（遗传型）不同的菌株之间进行遗传物质的转移、交换和重组，从中分离和筛选具有新性状菌株的方法。

杂交育种的理论基础是体内基因重组，即选用已知性状的供体菌株和受体菌株作为亲本，把不同菌株的优良性状集中于重组体中，具有定向育种的性质。

（一）杂交育种的特点（Characteristics of hybridization breeding）

1）通过具有不同优良性状的两个亲本菌株杂交达到基因重组，使两个亲株的优良性状集中于一个重组菌株内。

2）通过杂交得到的重组体可以克服由于长期诱变造成的生活力下降、代谢缓慢等缺点，并可提高对诱变剂的敏感性。

3）杂交育种有助于总结遗传物质的转移和传递规律，丰富和促进遗传学理论的发展。

（二）杂交育种的步骤（Procedures of hybridization breeding）

选择原始亲本→诱变筛选直接亲本→直接亲本之间亲和力鉴定→杂交→分离到基本培养基或选择性培养基→筛选重组体→重组体分析鉴定。

（三）杂交育种的方式（Modes of hybridization breeding）

遗传物质转移的方法主要有接合、转化、转导 3 种。在细菌和放线菌中，接合是最常见的杂交方式。真菌的基因重组可以通过有性生殖（sexual reproduction）或准性生殖（parasexual reproduction）完成。

四、原生质体融合（Protoplast fusion）

常规杂交由于受亲和力的影响，具有一定的局限性，应用范围较小。原生质体融合是通过人为的方法，使遗传性状不同的两个细胞的原生质体进行融合，借以获得兼有双亲遗传性状的稳定重组子的过程。该方法可打破种属间的界限，提高重组频率，扩大重组范围，广泛应用于细菌、放线菌、霉菌和酵母菌中。

（一）原生质体融合的过程（Procedures of protoplast fusion）

1. 原生质体制备（Protoplast preparation）

分别酶解两个具有育种价值并带有选择性遗传标记的亲本菌株的细胞壁，在高渗环境中释放出原生质体。

2. 原生质体融合与再生（Protoplast fusion and regeneration）

在助融剂聚乙二醇（polyethylene glycol, PEG）或电场作用下，两亲本原生质体互相接触和融合，实现基因重组。融合后的原生质体具有生物活性，但缺少细胞壁，不能在普通培养基上生长，必须在高渗培养基上再生。

3. 融合子的检出（Detection of fusant）

利用选择培养基的遗传标记，确定是否为融合子。融合子中可能有异核体，需要多次筛选得到稳定的融合子，并进行生理生化及生产性能的测试（Figure 2-4）。

（二）原生质体融合的特性（Characteristics of protoplast fusion）

1）重组频率高于其他杂交方法；

2）两亲株没有供体和受体之分，有利于不同种属微生物的杂交；

3）遗传物质传递更为完整，既有核配又有质配；

4）存在两株以上亲株同时参与融合形成融合子的可能性。

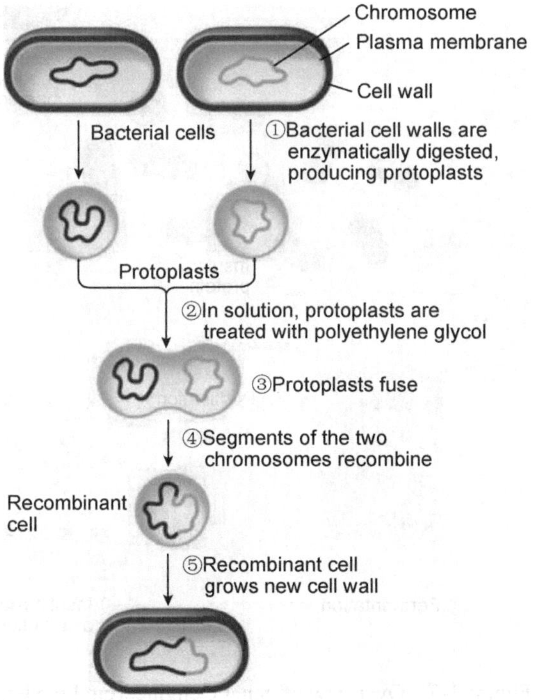

Figure 2-4　Process of protoplast fusion by polyethylene glycol

Box 2-4　Protoplast fusion

Protoplast fusion involves enzymic removal of the cell wall (e.g. with lysozyme in bacteria), exposure to osmotic stabilizers so as to maintain the protoplast structure intact, and the addition of fusogenic chemical agents, such as polyethylene glycol (PEG), that induce the formation of membrane fusions between the generated protoplasts. Protoplasts may be fused with other protoplasts from strains of the same or different species. Compared to other breeding methods, microbial protoplast fusion technology has many advantages, such as high recombination frequency, little limitation by genus or sex and complete transfer of genetic material. Now it is one of the most important technologies in microorganism breeding.

五、基因工程育种（Genetic engineering breeding）

基因工程，又称重组 DNA 技术（recombinant DNA technology），是将一个含目的基因的 DNA 片段经体外操作与载体连接，转入受体细胞，并使之在受体细胞内扩增、表达的操作过程。基因工程育种是指以微生物本身为出发菌株，利用基因工程的方法进行改造而得到新菌种的育种方法（Figure 2-5）。

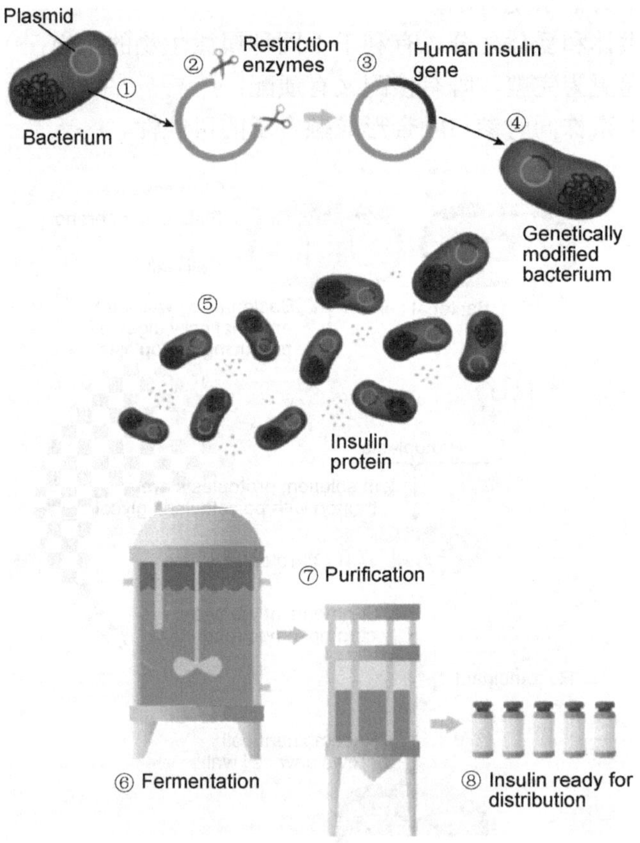

Figure 2-5 Overview of genetic engineering breeding

（一）基因工程育种的步骤（Procedures of genetic engineering breeding）

1）目的基因的获得（acquirement of target gene）；
2）载体的选择（vector selection）；
3）基因与载体的连接（ligation of the gene and vector）；
4）重组 DNA 分子导入宿主细胞（introducing recombinant DNA into host cell）；
5）重组体的筛选（screening of recombinant）；
6）外源基因的表达（expression of exogenous gene）。

（二）基因工程育种的特点（Characteristics of genetic engineering）

1）可完全突破物种间的障碍，实现真正意义上的远缘杂交；
2）可进行自然进化过程中不可能发生的新的遗传组合，创造全新的物种。

基因工程育种可减少盲目性，提高育种效率，但若涉及食品、医药产品的微生物育种时，必须非常慎重。

Box 2-5　Genetic engineering

Genetic engineering, also called genetic modification, is the direct manipulation of an organism's genome using biotechnology. It is therefore a set of technologies used to change the genetic makeup of cells, including the transfer of genes within and across species boundaries to produce improved or novel organisms. New DNA may be inserted into the host genome by isolating and copying the genetic material of interest, or by synthesizing the DNA, and then inserting this construct into the genome of host organism. Genes may be removed, or "knocked out", using a nuclease. Gene targeting is a different technique that uses homologous recombination to exchange an endogenous gene, and can be used to delete a gene, remove exons, add a gene, or introduce point mutations.

第三节　种子的扩大培养
Inoculum Development

种子的扩大培养是将处于休眠状态的生产菌种接入固体斜面培养基活化，再经摇瓶及种子罐逐级扩大培养，进而达到一定数量和质量的纯种培养过程，该纯种培养物称为种子（inoculum）。种子培养是确保发酵罐所需菌体的量，发酵罐则承担产物生产的任务。菌种的扩大培养是发酵生产的关键步骤。

一、种子扩大培养的目的（Objectives of inoculum development）

菌种扩大培养的任务是为发酵罐提供相当数量的、代谢旺盛的种子，以缩短在发酵罐中的延滞期。延滞期的长短与接种量和菌龄有关，应接入对数生长期的种子。接入足量种子的目的有：①缩短发酵时间，提高发酵设备的利用率；②减少染菌机会，保证生产的顺利进行；③对种子进行驯化，使其逐渐适应发酵生产条件。

二、种子扩大培养的过程（Processes of inoculum development）

种子制备过程可分两个阶段，即实验室种子制备（包括斜面菌种、液体摇瓶培养或培养瓶固体培养）和生产车间种子制备（包括各级种子罐逐级扩大培养）（Figure 2-6）。

1. 实验室种子制备（Laboratory-scale steps）

实验室种子的制备一般采用两种方式。

1）固体培养法：适用于产孢子能力强及生长繁殖快的菌种，孢子可直接作为种子罐的种子。

2）液体摇瓶培养法：适用于好氧细菌、产孢能力不强或孢子发芽慢的菌种，恒温振荡培养后获得菌体作为种子。

2. 生产车间种子制备（Plant-scale steps）

种子罐的作用是使孢子发芽、生长繁殖成菌（丝）体，接入发酵罐后迅速生长，以达到一定的菌体数量。

1）种子罐级数的确定：种子罐级数（series of seed tank）是指种子在种子罐扩大培养的次数，主要取决于菌体生长繁殖的速度及采用的发酵罐体积的大小。接种量（inoculation size）是指移入种子液的体积占接种前发酵液体积的百分数。细菌生长较快，接种量较小，可采用二级发酵；霉菌生长较慢，可采用三级发酵。在满足发酵的前提下，为简化工艺流程，减少染菌机会，种子罐的级数越少越好。

2）种子培养基的要求：要求营养成分丰富，氮源和维生素的含量较高，以保证较高的种子活力。接种后移入下一级种子罐或发酵罐的培养时间称种龄（seed age），应接入活力旺盛的对数生长期的种子。最后一级种子培养基的成分应尽可能接近发酵培养基，使种子进入发酵罐后能迅速适应，快速生长。

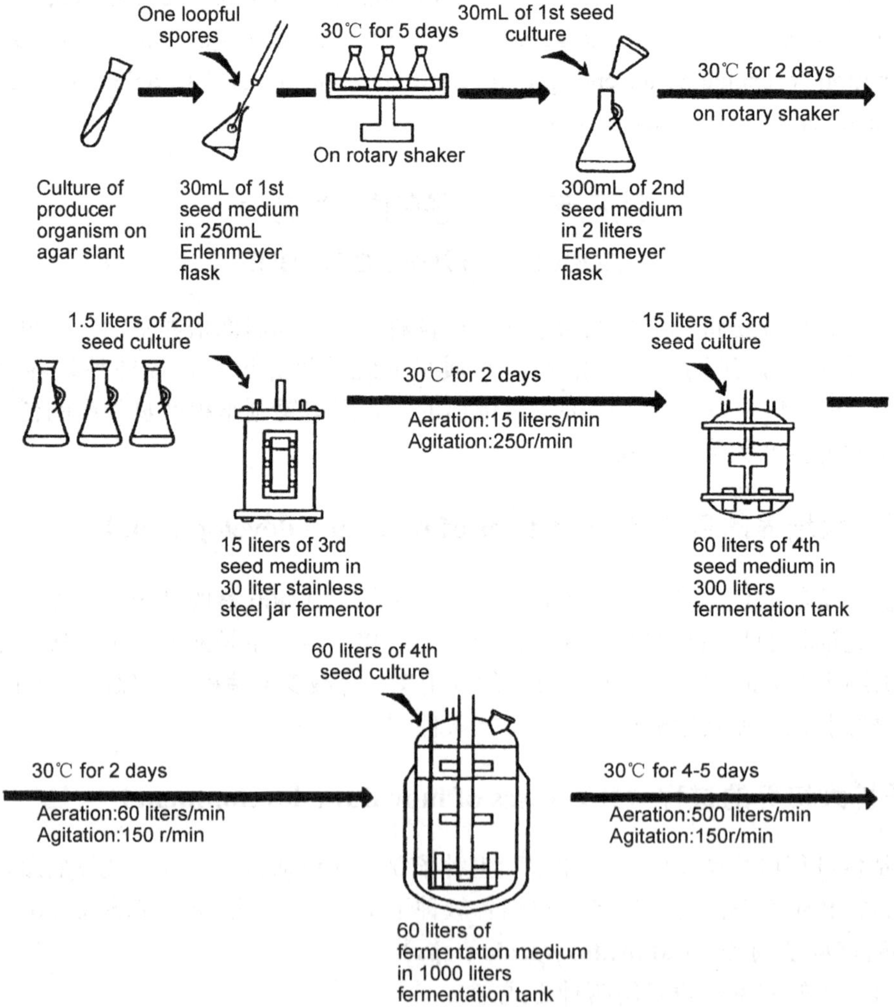

Figure 2-6　Classical steps in inoculum development

Box 2-6　Inoculum development

The preparation of a population of microorganisms from a dormant stock culture to a state useful for inoculating a final productive stage is called inoculum development. In order to achieve maximal yield of product via fermentation, the culture inoculum should has the following characteristics: it should be ① metabolically highly active, ② easy to prepare in large volume, ③of suitable morphological form and ④ free from microbial contamination.

Starting from a stock culture, which may be in lyophilized form or on a slant-agar, the inoculum is built up in a number of stages. In the first stage, a small amount of culture is inoculated in a shake-flask and incubated. Once the culture has grown, it is transferred to a larger flask and incubated. The inoculum thus prepared is then transferred to a small laboratory fermenter. The size of culture inoculum is further increased by transferring this culture into a pilot scale fermenter. Ideally, the size of inoculum varies from 2%-10% (*V*/*V*) of the fermentation medium. Normally for bacterial fermentation inoculation size varies from 2%-5% and for fungal fermentation it varies from 3%-10%.

Summary

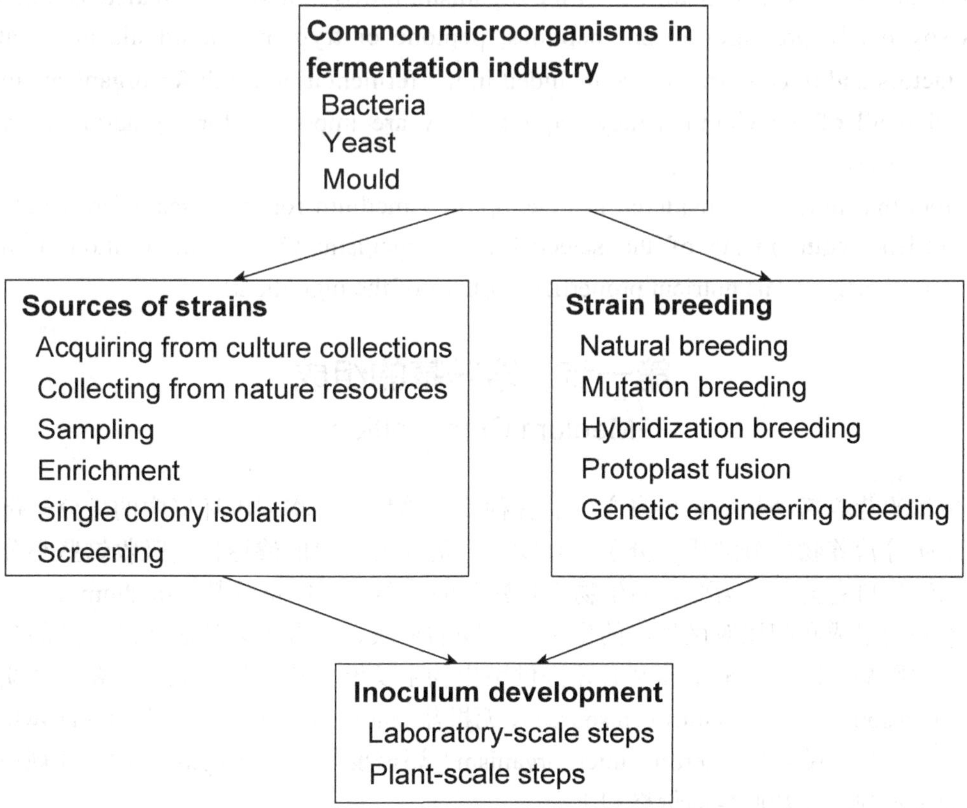

Review Questions

1. Cite some micro-organisms widely used in food industry and their corresponding products.
2. How to get an ideal strain for fermentation industry?
3. What's the purpose of inoculum development? Cite its processes.

第三章　工业培养基制备
Preparation of Industrial Medium

All microorganisms require water, sources of energy, carbon, nitrogen, mineral elements and possibly vitamins plus oxygen if aerobic. Carbon sources are typically sugars or other carbohydrates. For large scale fermentations, inexpensive sources of carbohydrates, such as molasses and starch hydrolysis sugar, which will be discussed in this chapter, are used to minimize costs. Glucose syrups are mixtures of D-glucose polymers from hydrolysis of starch. The most common glucose syrup described here is a product composed almost entirely of dextrose and has a Dextrose Equivalent (DE) of 90 or more. This kind of glucose syrup provides the most readily usable form of fermentable sugar for industry processes. Nitrogen sources are required for most organisms to synthesize proteins, nucleic acids and other cellular components. Depending on the enzyme capabilities of the organism, nitrogen may be provided as bulk protein, such as soy meal，pre-digested polypeptides, peptone or tryptone，ammonia or nitrate salts. Growth factors and trace nutrients are included in the fermentation broth for organisms incapable of producing all of the vitamins they require. They are important for regulating a variety of cellular processes.

Factors that must be considered in developing a medium for large-scale fermentations are: ①The nutrient requirements of the selected microorganism; ②The composition of available industrial nutrients; ③The nutrient properties; ④Cost of the ingredients.

第一节　培养基的组成
Medium Composition

微生物的营养活动是依靠自身产生的各种酶类等物质，将周围环境中的大分子蛋白质、糖类、脂肪等营养物质分解成小分子化合物，再借助细胞膜的渗透作用吸收这些小分子营养物质，以满足自身营养的需要。微生物生长繁殖的营养基质即培养基（medium）。

培养基的组成和配比对微生物的生长、产物的形成、提取工艺的选择及产品的产量和质量均有很大影响。所有发酵培养基必须提供微生物生长繁殖和产物合成所需要的物质，包括碳源（carbon source）、氮源（nitrogen source）、无机盐（inorganic salt）、生长因子（growth factor）和水五大类，好氧微生物（aerobic microorganism）还需要氧气（oxygen）。对于大规模发酵生产，还必须重视培养基原料的价格和来源。

一、碳源（Carbon source）

碳源构成菌体细胞和代谢产物的碳架，并为细胞生命活动提供能量。食品工业中常用的碳源有淀粉、淀粉水解糖、糖蜜等。

（一）淀粉（Starch）

工业上常用的淀粉质原料是工业淀粉、谷类、薯类等。工业淀粉是以谷类、薯类等农产品为原料加工而成。谷类包括大米、高粱、大麦、小麦等。薯类以甘薯、马铃薯和木薯为主。淀粉分为直链淀粉和支链淀粉。

1. 直链淀粉（Amylose）

直链淀粉是葡萄糖经 α-1, 4-糖苷键脱水缩聚成的不分支长链分子，聚合度为 100～6000，分子质量达 10^5Da，在热水中形成黏度较低的不稳定胶体溶液，遇碘液呈蓝色。

2. 支链淀粉（Amylopectin）

支链淀粉中的支链与直链葡萄糖分子以 α-1, 6-糖苷键连接，形成树枝状的分支结构，聚合度为 1000～30 000，分子质量可达 6×10^6Da，在热水中形成糊状物，遇碘液呈红色到紫红色。

（二）糖蜜（Molasses）

糖蜜是甘蔗或甜菜制糖中的副产物，含有大量可发酵性糖（fermentable sugar），是很好的发酵原料。甘蔗糖蜜呈微酸性，pH6.2 左右，转化糖含量较多；甜菜糖蜜呈微碱性，pH7.4 左右，转化糖含量较少。

利用糖蜜原料进行发酵生产，可简化操作，降低成本，节约能源，但糖蜜原料中存在的某些成分不适合某些产品的发酵生产，需要经过一定的预处理，如脱钙、脱色、去除金属离子、去除生物素等。

Box 3-1　Molasses

Molasses may be used for the production of high value/low-bulk products such as antibiotics, enzymes, vaccines and fine chemicals. The cost of molasses will be very competitive when compared with pure carbohydrates. However, molasses contains many impurities and molasses-based fermentation often need a more expensive and complicated extraction/purification stage to remove the impurities and effluent treatment will be more expensive because of the unutilized waste materials exist. Some new processes may require critical evaluation before the final decision is made to use molasses as the main carbon substrate.

二、氮源（Nitrogen source）

氮源是构成菌体细胞物质（氨基酸、蛋白质、核酸、酶类等）和含氮目的代谢产物的营养物质，分为无机氮源和有机氮源。

（一）无机氮源（Inorganic nitrogen source）

无机氮源主要有氨水、硝酸盐和铵盐，成分单一。铵盐中的铵氮可被菌体直接利用，硝基氮必须先被还原成氨后，才能被利用。当无机氮为唯一氮源培养微生物时，可能成为生理酸性物质或生理碱性物质。

1. 生理酸性物质（Physiological acid substance）

经微生物代谢后能形成酸性物质的无机氮源，如硫酸铵中的铵离子被消耗后，残留的硫酸根使发酵液呈酸性。

$$(NH_4)_2SO_4 \longrightarrow 2NH_3\uparrow+H_2SO_4$$

2. 生理碱性物质（Physiological alkaline substance）

经微生物代谢后能形成碱性物质的无机氮源，如硝酸钠还原成 NH_3 被微生物利用后，残留的 NaOH 使发酵液呈碱性。

$$NaNO_3+4H_2 \longrightarrow NH_3+2H_2O+NaOH$$

（二）有机氮源（Organic nitrogen source）

有机氮源大多是农副产品，有花生饼粉（peanut meal）、黄豆饼粉（soya meal）、玉米浆（corn-steep liquor）、棉籽饼粉（cotton-seed meal）、麸皮水解液（bran hydrolysate）等，含有丰富的蛋白质、多肽和氨基酸及少量的糖类、脂肪、无机盐和生长因子，是微生物生长的良好的营养物质。尿素（urea）是最简单的有机氮源，玉米浆是发酵工业中常用的有机氮源。

Box 3-2　Corn steep liquor

Corn steep liquor, an excellent source of organic nitrogen, is a by-product of corn wet-milling, which is a viscous concentrate of corn solubles containing amino acids, vitamins and minerals. It is important that the corn steep liquor used in fermentation industry has a constant quality. Factors by which the quality is judged are a low content of reducing sugars, a high lactic acid content and a light brown color. The presence of high levels of reducing sugars in the corn steep liquor gives rise to the formation of toxic compounds during the evaporation and sterilization of the corn steep liquor thereby reducing the yield from a subsequent fermentation.

三、生长因子（Growth factor）

微生物生长过程中不可缺少但自身不能合成的微量有机物质称为生长因子，如氨基酸（amino acid）、维生素（vitamin）、脂肪酸（fatty acid）等。不同微生物所需的生长因子不同，在用作碳源和氮源的许多天然原料中，如玉米浆、麸皮水解液、糖蜜、酵母水解液等，都含有数量可观的生长因子，可兼作生长因子的培养基原料。有些生产氨基酸的缺陷型菌株还以油酸、甘油、苏氨酸等物质作为生长因子。

四、无机盐（Inorganic salt）

无机盐是微生物生长代谢不可缺少的营养物质，既需要大量元素（major element），如 P、S、K、Mg、Ca、Na 等，也需要微量元素（trace element），如 Fe、Mn、B、Zn、Cl、Mo、Cu 等，在用作碳源和氮源的各种天然原料中，已有足够的含量，一般不需另外添加。

五、水（Water）

水是培养基的重要组成部分，其作用是保证细胞营养物质的吸收与代谢，维持细胞渗透压，调节细胞温度。水中的矿物质对于酿造行业是非常重要的，常常影响啤酒厂的位置与产品质量。

发酵工业培养基的营养来源见 Table 3-1。

Table 3-1　Nutrient sources for industrial fermentation

Nutrients	Raw materials
Carbon source	
Glucose	Corn sugar, starch, cellulose
Sucrose	Sugar cane and sugar beet molasses
Glycerol	
Starch	
Maltodextrin	
Lactose	Milk whey
Fats	Vegetable oils
Hydrocarbons	Petroleum fractions
Nitrogen source	
Protein	Soybean meal, corn steep liquor
Ammonia	Pure ammonia, ammonium salts or urea
Nitrate	Nitrate salts
Phosphorus source	Phosphate salts
Vitamins and growth factors	Yeast, yeast extract, wheat germ meal, cotton seed meal, beef extract, corn steep liquor

Box 3-3　Growth factors and inorganic elements

Some microorganisms cannot synthesize a full complement of cell components and therefore require preformed compounds called growth factors. The most commonly required growth factors are vitamins, but there may also be a need for specific amino acids, fatty acids or sterols. Many of the natural carbon and nitrogen sources used in media contain all or some of the required growth factors. But in the production of glutamic acid, limited concentrations of biotin must be present in the medium.

Phosphorus is needed for the production of phospholipids in cellular membranes and for the production of nucleic acids. The amount of phosphate which must be added depends upon the composition of the broth and the needs of the organism, as well as the objective of the fermentation. For instance, some cultures will not produce secondary metabolites in the presence of phosphate.

Inorganic nutrients, including trace elements such as iron, zinc, copper, manganese, molybdenum and cobalt are typically present in unrefined carbon and nitrogen sources, but may have to be added when purified carbon and nitrogen sources are used.

第二节　淀粉水解糖的制备

Preparation of Starch Hydrolysate

工业生产中，淀粉水解得到的葡萄糖液称为淀粉水解糖（starch-hydrolyzed sugar）。用于制备淀粉水解糖的原料主要有薯类、玉米淀粉、小麦淀粉和大米淀粉等。

一、水解意义（Significance of hydrolysis）

由于不同菌种的酶系统有其特异性，对碳源的利用也各不相同，有的可直接利用淀粉作为碳源。例如，柠檬酸产生菌黑曲霉（*Aspergillus niger*）可通过自身产生的胞外淀粉酶和糖化酶逐步分解淀粉为葡萄糖，以供菌体自身利用。有的则只能用葡萄糖或乳糖等单糖或双糖作为碳源。例如，谷氨酸产生菌不能直接利用淀粉，必须将淀粉质原料水解成葡萄糖后才能供其利用。

二、测定方法（Determination method）

工业上用葡萄糖值（dextrose equivalent，DE）表示淀粉的水解程度或糖化程度，即糖化液中还原糖质量（全部当作葡萄糖计算）占干物质质量的百分比。

$$\mathrm{DE}=\frac{\text{还原糖质量}}{\text{干物质质量}}\times 100\% \tag{3-1}$$

DE 是生产中衡量葡萄糖液质量的重要指标。定义中的还原糖可采用斐林试剂法测定，浓度单位为 g 葡萄糖/100mL 糖液；干物质用阿贝折光仪测定，浓度单位为 g 干物质/100g 糖液。因此 DE 的实际计算公式是

$$\mathrm{DE}=\frac{\text{还原糖质量}}{\text{干物质质量}\times\text{糖液密度}}\times 100\% \tag{3-2}$$

但有时为了计算方便，生产上常用式（3-1）计算。

Box 3-4　Glucose syrups and dextrose equivalent (DE)

Starch (mainly from wheat, corn and potato) can be hydrolyzed by a process which cleaves the bonds linking dextrose units into simpler carbohydrates. The method and the extent of hydrolysis affect the final carbohydrate composition and many functional properties. The degree of hydrolysis is commonly defined as the dextrose equivalent (DE). The definition of dextrose equivalent is "the reducing sugar content expressed as dextrose percentage on dry matter", using a standard method for the determination of reducing sugars. By this definition, pure starch has zero DE while dextrose (D-glucose) has a DE of 100.

三、制备方法（Preparation methods）

根据所用催化剂的不同，淀粉水解分为酸解法、酶解法、酸酶结合法。

（一）酸解法（Acid hydrolysis method）

以酸（无机酸或有机酸）为催化剂，在高温高压下将淀粉水解为葡萄糖的方法。

1. 淀粉的水解（Starch hydrolysis）

淀粉在高温加酸作用下，颗粒结晶结构被破坏，酸作用于 α-1, 4-糖苷键的速度快于 α-1, 6-糖苷键。随着糖苷键的断裂，其相对分子质量逐渐变小，主要反应如下。

$$\underset{\text{starch}}{(C_6H_{10}O_5)_n} \xrightarrow[\text{Heating}]{\text{HCl}} \underset{\text{dextrin}}{(C_6H_{10}O_5)_x} \xrightarrow{H_2O} \underset{\text{maltose}}{C_{12}H_{22}O_{11}} \xrightarrow{H_2O} \underset{\text{glucose}}{C_6H_{12}O_6}$$

淀粉水解的中间产物糊精（dextrin）与碘有颜色反应，但糊精分子大小不同，与碘反应显示的颜色不同，有蓝色、紫色、红褐色、红色等。

2. 酸解法的副反应（Side reactions in acid hydrolysis）

酸解过程在高温高压和一定的酸浓度下进行，常伴有复合反应和分解反应等副反应的发生，造成葡萄糖量的损失，降低淀粉的转化率。

（1）复合反应（Composition reaction）

复合反应是两个葡萄糖分子通过 α-1, 6-糖苷键聚合成异麦芽糖或龙胆二糖的可逆过程，生成的低聚糖（oligosaccharide）可再水解变为葡萄糖。由于多数复合低聚糖不能被生产菌利用，因而造成糖的转化率和利用率降低。发酵后残糖（residual sugar）的含量高，也会给后续的提取带来困难。

（2）分解反应（Decomposition reaction）

葡萄糖在热和酸的作用下分解为能与其他物质结合产生色素的 5′-羟甲基糠醛，因性质不稳定，可进一步分解成乙酰丙酸和甲酸等物质，最终产生色素，影响糖液质量，此过程是不可逆的。

为降低复合反应和分解反应造成的损失，在酸解过程中要注意温度、淀粉乳浓度、酸度和水解时间不要过度。

3. 酸解法工艺流程（Acid hydrolysis process）

盐酸与高质量淀粉混合，蒸汽加热至设定温度与压力进行糖化，冷却后用 Na_2CO_3 进行中和（neutralization），用活性炭（active carbon）进行脱色（decolorization），压滤（filter pressing）得糖液（syrup），弃残渣（residue）。主要工艺流程见 Figure 3-1。

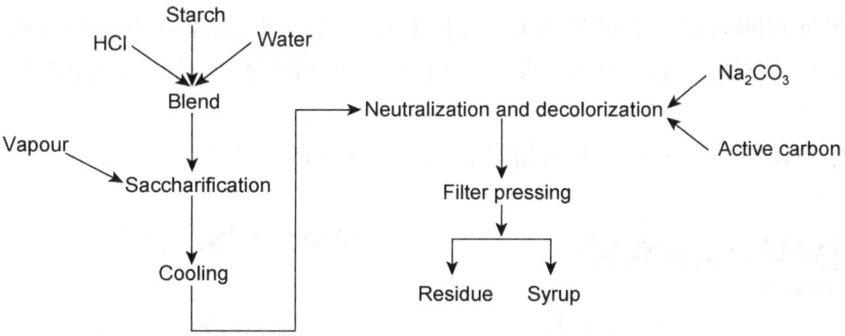

Figure 3-1 The process for acid hydrolysis of starch

优点：工艺简单，设备单一。水解时间短，设备周转快。

缺点：副产物多，淀粉转化率低。需用耐高温、耐高压、耐腐蚀的设备。对原料要求高，废水难以处理。

（二）酶解法（Enzyme hydrolysis method）

酶解法采用了酶液化和酶糖化工艺，故又称双酶水解法（double-enzyme hydrolysis method）。双酶水解法利用作用专一的酶制剂为催化剂，反应条件温和，复合分解反应少，可提高原料转化率及糖液浓度，改善糖液质量，是目前最理想的淀粉水解糖制备方法。

利用植物中的酶糖化淀粉的方法称为植物酶法。例如，在啤酒酿造中，利用发芽大麦本身所含的β-淀粉酶、α-淀粉酶及异淀粉酶等进行淀粉的糖化。

1. 淀粉酶的特点（Characteristics of amylase）

（1）α-淀粉酶（α-amylase）

α-淀粉酶使水溶液中的淀粉分子液化，产生分子质量较小的糊精，又称液化酶或糊精化酶。其特点如下。

1）α-淀粉酶从淀粉分子的内部任意切开 α-1, 4-糖苷键，但不能水解 α-1, 6-糖苷键，使淀粉分子降解，失去黏性及与碘的呈色反应，由于水解产物的还原性末端葡萄糖第一位碳原子的光学性质呈 α-构型，故称 α-淀粉酶。

2）α-淀粉酶对淀粉的水解速度受底物分子大小和结构的影响。底物分子越大，越容易与酶分子结合，底物分子越小或分支越多及越靠近 α-1, 6-糖苷键的 α-1, 4-糖苷键越难水解。因此，液化的最初阶段水解速率很快，随着淀粉分子的变小，水解速率变慢。

3）不同来源的 α-淀粉酶具有不同的热稳定性和最适作用温度。芽孢杆菌（*Bacillus*）产生的 α-淀粉酶属耐热型，最适温度为 90～95℃。霉菌产生的 α-淀粉酶属非耐热型，最适温度为 50～55℃。

4）Ca^{2+}可提高 α-淀粉酶的稳定性和耐热性。这是由于 α-淀粉酶是金属酶，Ca^{2+}与酶结合后能保持酶分子的最适构象。

（2）葡萄糖淀粉酶（Glucoamylase）

葡萄糖淀粉酶能将淀粉全部水解为葡萄糖，通常用作淀粉的糖化剂，又称糖化酶，其特点如下。

1）从淀粉的非还原性末端依次水解 α-1, 4-糖苷键，也能水解分支点的 α-1, 6-糖苷键，但水解速度低于 α-1, 4-糖苷键的水解速度，属外切型淀粉酶。

2）糖化酶的水解速度同样受底物分子大小的影响。水解 DE 为 10～20 的糊精时最快，水解淀粉、低聚糖时速率较慢。

3）葡萄糖淀粉酶只存在于微生物界，主要来源于曲霉属（*Aspergillus*）和根霉属（*Rhizopus*）等。不同来源的糖化酶对淀粉的水解能力及最适 pH 和温度有差异，最适 pH 大多偏酸性，最适温度为 50℃左右。

淀粉酶与糖化酶对直链淀粉和支链淀粉的水解见 Figure 3-2。

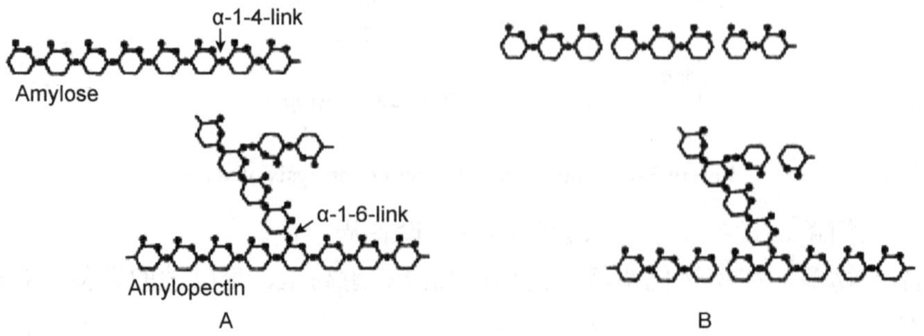

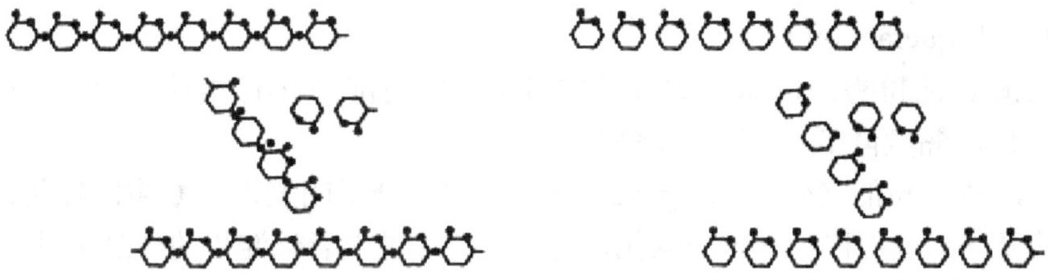

Figure 3-2　Effect of the action of starch degrading enzymes

A. Amylose and amylopectin structures; B. Effect of fungal α-amylase on amylase and amylopectin; C. Effect of a debranching enzyme on amylopectin; D. Effect of amyloglucosidase and debranching enzyme on amylase and amylopectin

（3）β-淀粉酶（β-amylase）

β-淀粉酶是能将直链淀粉分解成麦芽糖的淀粉酶，广泛存在于大麦、小麦、甘薯、大豆等高等植物及芽孢杆菌属等微生物中。其特点如下。

1）从淀粉的非还原性末端依次切开相隔的α-1, 4-糖苷键，水解产物为麦芽糖，属外切型淀粉酶。在水解过程中将水解产物麦芽糖分子中 C_1 的构型由α型转变为β型，故称β-淀粉酶。

2）不能水解支链淀粉的α-1, 6-糖苷键，也不能跨过分支点继续水解α-1, 4-糖苷键，最终产物是麦芽糖和β-极限糊精。β-淀粉酶的稳定性明显低于α-淀粉酶，70℃以上一般会失活。

3）由于从分子末端开始，总有大分子存在，因此黏度下降很慢，不能作为液化酶使用，而水解淀粉水解产物（如麦芽糊精、麦芽低聚糖）时速度很快，故可作为糖化酶使用。

（4）脱支酶（Debranching enzyme）

脱支酶是水解糖原、支链淀粉中α-1，6-糖苷键的酶的总称，包括异淀粉酶（isoamylase）、普鲁蓝酶（pullulanase）等。普鲁蓝酶（也称支链淀粉酶）因能专一性水解普鲁蓝糖(pullulan，麦芽三糖以α-1，6-糖苷键连接起来的聚合物) 而得名，与异淀粉酶不同的是，普鲁蓝酶能够将最小单位的支链分解，又称极限糊精酶（limit dextrinase），而异淀粉酶虽然也能水解分支点的α-1, 6-糖苷键，但不能水解由2～3个葡萄糖残基构成的侧支。

工业上常用的淀粉酶的来源及作用特点见Table 3-2。

Table 3-2　Industrially important starch degrading enzymes

Enzyme	Microorganism	Action
α-amylase	*Bacillus subtilis*	Only α-1, 4-oligosaccharide links are cleaved to give dextrins with maltose and up to 50% (*m/m*) glucose
β-amylase	Malted barley	Only α-1, 4-links are cleaved, from non-reducing ends, to give limit dextrins and maltose
Glucoamylase	*Aspergillus niger*	α-1, 4 and α-1, 6-links are cleaved, from the non-reducing ends to give glucose
Pullulanase	*Bacillus acidopullulyticus*	Only α-1, 6-links are cleaved to give straight-chain maltodextrins

2. 酶解法工艺流程（Enzyme hydrolysis process）

用α-淀粉酶（α-amylase）将淀粉水解为糊精（dextrin）和低聚糖（oligosaccharide），再用糖化酶（glucoamylase）将其进一步水解成葡萄糖。一般经过以下3个阶段。

（1）糊化（Gelatinization）

淀粉在常温下不溶于水，当水温升至53℃以上时，淀粉晶体结构消失，体积膨大，黏度急剧上升，成为非结晶性的半透明状糊状液体。

（2）液化（Liquefaction）

利用内切酶 α-淀粉酶，以随机的方式作用于淀粉内部的 α-1, 4-糖苷键，使糊化淀粉水解为糊精和低聚糖，黏度降低，流动性增加。

液化时应注意淀粉的老化（retrogradation）问题。分子间氢键已断裂的糊化淀粉重新排列形成新氢键的复结晶过程称为淀粉的老化，淀粉酶无法进入老化淀粉的结晶区进行液化及糖化。

影响老化的因素有：①直链淀粉易老化，支链淀粉不易老化；②高温及快速升温或降温不易老化；③淀粉浓度越高、DE 越小，越易老化。

液化用酶制剂：以地衣芽孢杆菌（*Bacillus licheniformis*）所产 α-淀粉酶耐热性最高，为耐高温淀粉酶，最适反应温度高达 95℃，瞬间为 105～110℃。枯草芽孢杆菌（*Bacillus subtilis*）产生的 α-淀粉酶，最适反应温度为 70℃，为中温淀粉酶。

液化程度的控制：液化的根本目的是为糖化提供有利条件，液化产物应有利于糖化酶的作用。由于糖化酶对底物的分子大小有一定要求，适宜结合由 20～30 个葡萄糖单位组成的底物分子，这时液化液与碘液反应显棕色，一般需要 20～40min 达到淀粉的液化终点。

（3）糖化（Saccharification）

利用糖化酶，又称葡萄糖淀粉酶（glucoamylase），从淀粉分子的非还原性末端开始，依次水解 α-1, 4-糖苷键，将淀粉液化的产物糊精和低聚糖进一步水解成葡萄糖分子。

糖化用酶制剂主要来自曲霉属（*Aspergillus*）、根霉属（*Rhizopus*）等，其中以黑曲霉（*A. niger*）产生的酶活力最高。糖化温度一般为 55～60℃、pH4.5 左右。需经 12～48h 达到糖化终点，此时 DE 最高，与碘液反应不变色。

3. 葡萄糖异构化（Glucose isomerization）

高果糖浆（high fructose syrup）是一种以玉米为原料加工制成的营养性（含热量）甜味剂，广泛应用于碳酸饮料、果汁、运动饮料、糖浆、果冻和其他含糖产品中。生产的基本过程是，含淀粉的浆液经过 α-淀粉酶的作用形成糊精；糊精经糖化酶的作用形成葡萄糖；葡萄糖在葡萄糖异构酶的作用下，经异构化形成果糖（Figure 3-3）。

但葡萄糖异构酶催化葡萄糖转化为果糖的实际转化率只有 42%～45%，即产品是葡萄糖和果糖的混合物，这种混合物称为果葡糖浆（fructose-glucose syrup）。如果把果葡糖浆中的果糖和葡萄糖分离开来，将分离出来的葡萄糖再次进行异构化，并且如此反复多次，最后的混合物中果糖的含量可达 70%～90%，这样的混合物称为高果糖浆。

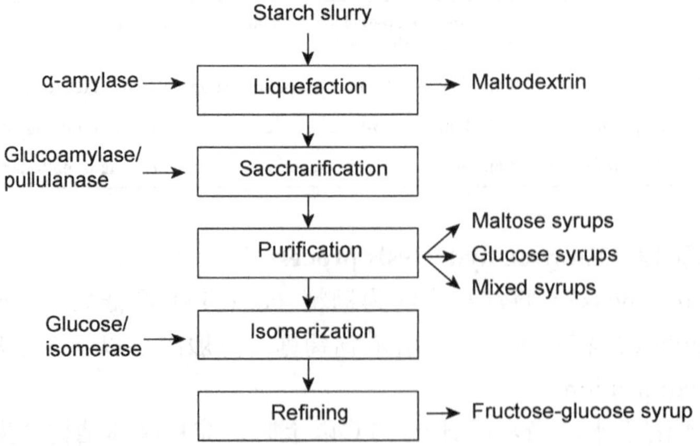

Figure 3-3　Major steps in enzymatic conversion of starch

（三）酸酶结合法（Acid-enzyme combination method）

酸酶结合法是将酸解法与酶解法相结合进行淀粉水解糖制备的方法，按照方法使用的前后分为以下两种。

1. 酸酶水解法（Acid-enzyme hydrolysis method）

对于玉米、小麦等淀粉颗粒坚实的原料，淀粉酶很难在短时间内将其完全液化，可以先用酸解法将淀粉水解成糊精和低聚糖，再用糖化酶将酸解产物进行糖化。

优点：由于葡萄糖是由糖化酶催化生成的，酶解过程中发生复合反应的概率较小，可提高酸解过程的淀粉乳浓度。

2. 酶酸水解法（Enzyme-acid hydrolysis method）

对于碎米那样大小不一的原料，酸水解难以做到水解均匀，若大粒米水解完全，则时间过长，葡萄糖复合反应加重，可先用 α-淀粉酶代替酸进行液化，然后再用酸将糊精水解成葡萄糖。

注意：由于葡萄糖是由酸催化产生的，为了防止复合反应的发生，液化时淀粉乳浓度不能太高，最高不超过 20%。

Box 3-5 Hydrolysis of starch

Glucose syrup can be produced by acid hydrolysis, enzyme hydrolysis, or a combination of the two. Currently, however, a variety of options are available. The original process of heating starch with a mineral acid in a batch process is still a valuable tool in the manufacture of glucose syrups. In this system, three parameters, residence time and acid concentration may be changed in the process to regulate the composition of the finished product, temperature. Modern processes will usually change residence time to obtain a constant DE and constant composition product.

Glucose syrup of 95 DE is mainly produced by the enzymatic hydrolysis of starch, using carbohydrases such as α-amylase and glucoamylase. A slurry of the starch is cooked in the presence of a heat-stable bacterial endo-α-amylase, whereby the viscosity of the gel rapidly decreases. Further hydrolysis by means of fungal glucoamylase leads to the formation of glucose molecules, fermentable sugars. The glucose can then be transformed into fructose by glucose isomerase. So the major steps in conversion of starch to fructose are liquefaction, saccharification and isomerization. In simple terms, the further a starch processor proceeds, the sweeter the syrup can be obtained.

第三节 培养基的类型
Types of Medium

由于微生物所需的营养成分不同，因此培养基的种类也不同。按照培养基所含成分、物理状态、使用目的的不同将培养基分为若干类型。

一、按成分分类（Classification based on component）

1. 完全培养基（Complete medium）

完全培养基是利用化学成分不完全恒定的天然产物，如酵母膏、蛋白胨、花生饼粉等制成的培养基。实验室和规模生产均可使用。优点：营养丰富，价格低廉，来源广泛。缺点：组分复杂，不易确定，不易重复。

2. 合成培养基（Synthetic medium）

由化学成分明确的原料配制的培养基，如高氏一号培养基、察氏培养基等。优点：重复性强，易于控制。缺点：营养单一，价格昂贵。一般用于实验室研究工作，不适合大规模工业生产。

3. 半合成培养基（Semi-defined medium）

综合了以上两种培养基的优点，在天然原料的基础上加入已知成分的无机盐，或在合成培养基中添加某些天然成分，如马铃薯葡萄糖培养基（potato dextrose agar, PDA），发酵工业培养基多属此类。

二、按形态分类（Classification based on state）

1. 固体培养基（Solid medium）

固体培养基指添加了凝固剂（琼脂、明胶等），外观呈固体状态的培养基。固体培养基为微生物提供了营养表面，常用于菌种的分离、鉴定、计数和保存等。

2. 液体培养基（Liquid medium）

液体培养基指培养基中不添加凝固剂而呈液体状态的培养基。培养基组分多以溶质状态存在，微生物可充分接触和利用培养基中的养料，适合于实验室进行生理和代谢研究，也常用于工业生产，具有制作方便、便于运输、可连续生产等优点。

3. 半固体培养基（Semi-solid medium）

半固体培养基是液体培养基中添加少量凝固剂（0.2%～0.8%的琼脂）而呈半固体状态的培养基。主要用于菌种鉴定、观察细菌运动及测定噬菌体效价等，规模生产中很少应用。

三、按用途分类（Classification based on application）

1. 孢子培养基（Spore medium）

孢子培养基是供菌种繁殖孢子用的固态培养基。要求产孢量多，不易引起菌种变异。营养（特别是有机氮源）不要太丰富，无机盐要适量。生产中常用的孢子培养基有麸皮培养基和大（小）米培养基。

2. 种子培养基（Seed medium）

种子培养基是在摇瓶或种子罐中供孢子发芽、菌种繁殖用的培养基。含容易被利用的碳源、氮源、无机盐等，营养丰富，且与发酵培养基成分接近，使种子进入发酵罐后迅速适应。

3. 发酵培养基（Fermentation medium）

发酵培养基是在发酵罐中供菌种生长、繁殖和合成产物用的培养基。发酵培养基既要有菌体生长所必需的营养元素，又要有产物合成所需要的特定元素、前体和促进剂等。

四、按功能分类（Classification based on function）

1. 基础培养基（Basal medium）

基础培养基是含有一般微生物生长繁殖所需的基本营养物质的培养基，牛肉膏蛋白胨是其中之一。也可根据某种微生物的特殊营养要求，在基本培养基中加入所需营养物质。

2. 加富培养基（Enriched medium）

加富培养基是在培养基中加入血清或动植物组织提取液及某些特殊需要的营养成分配制而成的培养基。一般用于培养对营养要求比较苛刻的微生物，也可用来富集和分离某种微生物，使其生长速度快而逐渐占优势，从而达到淘汰其他微生物的目的。

3. 选择性培养基（Selective medium）

根据某种（类）微生物的特殊营养要求，在培养基中加入某种物质以杀死或抑制不需要的微生物的培养基，提高所需微生物的分离效率。

例如，分离固氮微生物的无氮培养基，添加滤纸条或纤维素粉为碳源的纤维素分解菌培养基。在放线菌培养基中加数滴 10%的酚酞，可抑制细菌和霉菌的生长，链霉素或氯霉素可抑制原核微生物的生长，而制霉菌素或灰黄霉素可抑制真核微生物的生长。

4. 鉴别培养基（Differential medium）

在培养基中加入能与目的菌产生的无色代谢物发生显色反应的某种指示剂，从而方便地鉴别不同的微生物。

有些培养基同时具有选择和鉴别作用。例如，食品检验中常用的含有胆盐、乳糖和中性红的麦康凯培养基（MacConkey agar，MAC），其中的胆盐具有抑制肠道以外的细菌的作用（选择性），乳糖和中性红（指示剂）帮助区别乳糖发酵肠道菌和不能发酵乳糖的肠道致病菌。检查乳制品或饮用水中是否有肠道细菌污染，可用伊红美蓝（eosin methylene blue，EMB）培养基，伊红和美蓝两种苯胺染料可抑制 G^+菌和一些难培养的 G^-菌，低酸度下两种染料结合形成沉淀，起着产酸指示剂的作用。

第四节　培养基设计的原则和方法

Principles and Methods of Media Designing

一、四个原则（Four principles）

1. 目的明确（Clear objectives）

明确培养的最终目的是科学研究还是发酵生产，且各组分要满足微生物所需的营养条件。不同类型的微生物类群，所需培养基营养成分不同。

1）细菌：牛肉膏蛋白胨培养基，LB（Luria-Bertani）培养基。

2）放线菌：高氏一号培养基。

3）真菌：查氏培养基，PDA 培养基。

4）酵母菌：麦芽汁。

当对实验菌营养需求不清楚时，可通过生长谱（auxanogram）试验进行确定。

2. 营养协调（Balanced nutrients）

培养物的浓度比直接影响微生物的生长繁殖和代谢产物的形成，其中碳氮比（C/N）（有机物中总碳含量与总氮含量的比值）的影响更为明显。例如，在谷氨酸发酵生产中，当培养基的 C/N 为 4∶1 时，菌体大量繁殖，谷氨酸积累少；当 C/N 为 3∶1 时，菌体繁殖受到抑制，谷氨酸大量积累。

3. 条件适宜（Suitable growth conditions）

理化条件主要涉及 pH、氧化还原电势、水的活度及渗透压等。pH 影响微生物的生长、繁殖及代谢产物的形成，调节方法主要有以下两种。

（1）内源调节（Endogenous regulation）

调节原始 pH，在培养基中加入缓冲液或不溶性碳酸盐或调节碳氮比。

（2）外源调节（Exogenous regulation）

在发酵液中加入弱酸或弱碱进行调节。

各种微生物对培养基的氧化还原电位有不同的要求。配制培养基时，各种成分及浓度指标的优化已间接确定了培养基的水活度和渗透压。

4. 成本低廉（Low cost）

涉及大规模发酵用培养基时，应选择来源广泛、价格低廉的原料，尽量少用或不用主粮，碳源的代用方向主要是寻找植物淀粉、纤维水解物，以废糖蜜代替淀粉、糊精和葡萄糖。有机氮源尽量用棉籽饼粉、玉米浆等食品工业下脚料代替黄豆饼粉、花生饼粉、蛋白胨和酵母粉等原料。

二、四种方法（Four methods）

1. 生态模拟（Ecological simulation）

了解培养菌的生态条件，查看“嗜好”，“对症”下料，模拟自然基质作为微生物的培养基。

2. 查阅文献（Consult references）

查阅、分析和利用文献资料上的培养基信息，直接选用或加以改进。

3. 优化设计（Optimization design）

借助优选法或正交试验法等行之有效的数学工具进行培养基的设计。

4. 实验确定（Determination by experiments）

培养基的成分和含量最终通过实验确定。一般遵循由定性到定量、由小到大逐步扩大的原则。

Summary

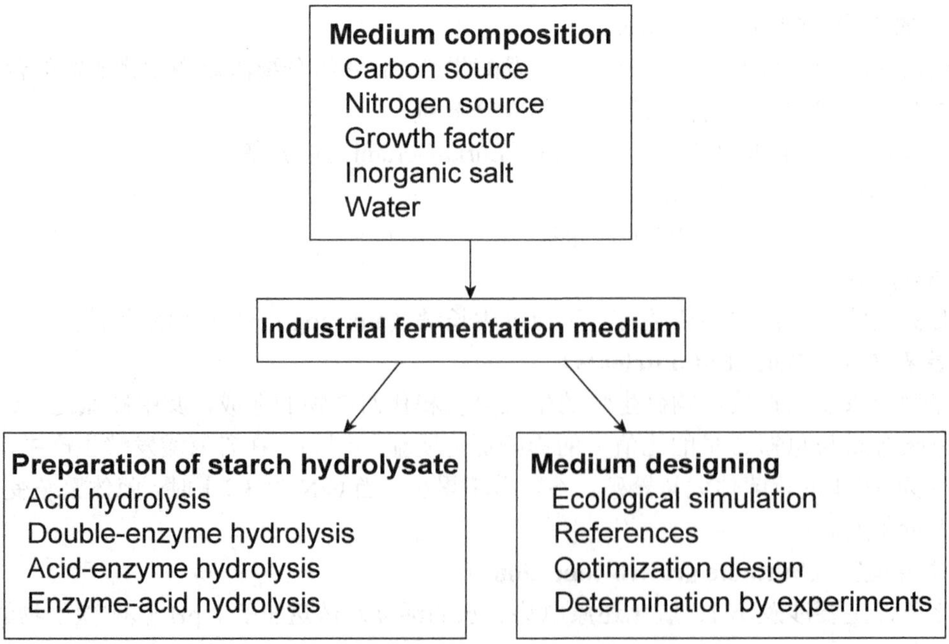

Review Questions

1. Which kind of carbon source and nitrogen source are usually used in industry? Cite the advantages and disadvantages of the different choices.

2. What is the definition of growth factor and its main source?

3. What is the significance of getting sugar by hydrolyzing starch?

4. Compare the three methods to produce glucose from starch and the differences between combination reaction and decomposition reaction, liquefaction and saccharification.

第四章　培养基灭菌与空气除菌
Medium Sterilization and Air Filtration

Sterilization can be defined as any process that effectively kills or eliminates fungi, bacteria and viruses from a surface, equipment, food, or biological culture medium. It differs from disinfection, sanitization and pasteurization, by which all microorganisms can be killed. Nutrient medium as initially prepared contain a variety of different vegetative cells and spores, derived from the constituents of the culture medium, the water, and the vessel. These must be eliminated by a suitable means before inoculation. In practice, heat sterilization is the most useful method for sterilization of nutrient medium and may be carried out as batch sterilization and continuous sterilization. The decrease in the yield of a fermentation when it is scaled up is often due to nutrient degradation during batch sterilization and the only way to solve the problem is continuous sterilization.

Most industrial fermentations are operated under vigorous aeration and the air supplied to the fermenter must be sterilized. Although there are a number of ways to sterilize air, the most commonly used sterilization process is filtration. Fixed pore and depth filters are widely used in fermentation industry and several manufacturers produce filtration systems for air sterilization. Some forms of pretreatment of air are necessary before it enters into filters. This pretreatment may be a mechanical separator to remove dust, oil and water etc. Filtration sterilizations are also used in the treatment of heat sensitive solutions, biological products etc.

发酵工业是利用某种特定微生物在一定环境中进行新陈代谢活动而获得某种产品的过程。微生物生产大多是纯种培养过程，要求培养基、通入的空气和发酵设备必须彻底无菌，如果发酵过程受到污染，产生的后果有：①营养被杂菌利用，降低了产量；②杂菌的生长速度超过了生产菌的生长，造成发酵失败；③外来杂菌污染了最终产品，如单细胞蛋白的生产；④杂菌的代谢物可能会使产品的提取变得困难；⑤污染物可能会降解目的产物；⑥污染的噬菌体将裂解微生物细胞。

因此，发酵培养基、设备及空气必须进行严格的灭菌，杜绝杂菌污染，保证发酵的正常进行。

第一节　灭 菌 方 法
Sterilization Methods

消毒与灭菌是两个不同的概念，两者的区别在于：消毒（disinfection）是杀死除细菌芽孢以外的病原微生物；灭菌（sterilization）是杀死所有微生物的繁殖体和芽孢，使之完全无菌。

灭菌的方法主要有：热灭菌、辐射灭菌、化学试剂灭菌和过滤除菌，应根据灭菌的对象和要求选用不同的方法。

一、热灭菌（Heat sterilization）

微生物对高温的敏感性大于对低温的敏感性，因而采用高温灭菌是杀灭微生物的有效方法。常用的热灭菌法有干热灭菌和湿热灭菌。

（一）干热灭菌（Dry heat sterilization）

利用高温产生的干热杀灭微生物，包括火焰灭菌法和干热空气灭菌法。

1. 火焰灭菌（Flaming sterilization）

利用火焰直接将微生物杀死，灭菌迅速彻底，但使用范围有限，只适用于接种环、接种针、试管口、锥形瓶口等的灭菌。

2. 干热空气灭菌（Dry heat air sterilization）

在电热烘箱内利用热空气进行灭菌的方法。原理是高温、干燥导致细胞失水、物质氧化及蛋白质变性而引起微生物代谢停止和死亡。通常在 160~180℃处理 1～2h，常用于玻璃器皿和金属制品等耐热物品的灭菌。

（二）湿热灭菌（Moist heat sterilization）

湿热灭菌是利用饱和蒸汽进行灭菌的方法。在同一温度下，湿热灭菌比干热灭菌更有效，这是因为：①菌体含水量高，蛋白质更易凝固；②蒸汽穿透力强；③蒸汽冷凝时放热。常用的湿热灭菌法有以下几种。

1. 煮沸消毒（Boiling disinfection）

将要消毒的物品放在水中煮沸 15～20min，可杀死微生物的营养细胞，但不能杀死芽孢，适用于食品或器材等的消毒。

2. 巴氏消毒（Pasteurization）

早期的巴氏消毒温度一般低于 100℃，如 63℃加热 30min，现大多采用高温短时灭菌，即 72℃加热 15s 或 140℃加热 4s，以杀灭其中的病原菌和一部分微生物的营养体，牛奶、酒类和醋等食品可用此法消毒。

3. 高压蒸汽灭菌（Autoclaving）

使用密闭的高压蒸汽灭菌锅，加热时蒸汽不外溢，温度随蒸汽压的增加而升高，在 103.4kPa（1.05kgf/cm^2）蒸汽压下，温度达 121.3℃，维持 15～20min 即可。

Box 4-1 Heat sterilization

Heat sterilization is the most widely used and reliable method of sterilization, involving destruction of enzymes and other essential cell constituents. This sterilization method can be applied only to thermostable products. For moisture sensitive material, dry heat (160-180℃) method is often used, while moist heat (121-134℃) method is commonly applied for moisture-resistant materials. The efficiency with which heat is able to inactivate microorganisms is dependent upon the degree of heat, the exposure time and the presence of water. In the presence of water, much lower temperature and time exposures are required to kill microbe than in the absence of water. This can reduce heat-induced damage to food products.

Unlike sterilization, pasteurization which invented by French scientist Louis Pasteur in 1864 is not intended to kill all the micro-organisms in food. Instead, it aims to eliminate pathogenic microbes and reduce microbial numbers for prolong the storage period. Today pasteurization is widely used in the dairy and food industries for microbial control and food preservation.

二、辐射灭菌（Radiation sterilization）

辐射灭菌是利用高能量的微粒辐射和电磁辐射杀灭微生物。借助原子、亚原子或离子高速运动传播能量的称微粒辐射，杀菌力强的为 β 射线和 α 射线。借助波动方式传播能量的称电磁辐射，杀菌力强的是紫外线和 γ 射线。

紫外线使微生物的 DNA 分子产生胸腺嘧啶二聚体，导致细胞死亡，波长为 250～270nm 的紫外线杀菌作用最强，一般用 30W 紫外灯照射 30min，对芽孢和营养细胞均具杀灭作用，但细菌芽孢和霉菌孢子对紫外线的抵抗力强。紫外线杀菌力强但穿透力弱，只能用于表面灭菌，一般用于无菌室、接种台和培养间等空间的灭菌，对人体组织有一定的刺激作用。

Box 4-2　Radiation sterilization

Many types of radiation are used for sterilization like electromagnetic radiation (e.g. gamma rays and UV light), particulate radiation (e.g. accelerated electrons). The major target for these radiation is microbial DNA. Gamma rays and electrons cause ionization and free radical production while UV light causes excitation.

Radiation sterilization with high energy gamma rays or accelerated electrons has proven to be a useful method for industrial sterilization of heat sensitive products. But some undesirable changes occur in irradiated products. UV light, with its much lower energy and poor penetrability, finds uses for air sterilization and surface sterilization of aseptic work areas and so on.

三、化学试剂灭菌（Chemical sterilization）

发酵工业中，厂房、实验室或某些器械与皮肤的消毒需要采用化学试剂灭菌。这些药品通过破坏微生物细胞的结构成分或干扰微生物的代谢过程而使微生物死亡，所用化学试剂包括与微生物细胞蛋白质中巯基结合使微生物失去活性的升汞、红汞、硫酸铜等重金属盐类，破坏细胞膜并使蛋白质变性的苯酚、来苏儿等酚类、醇类和酸类药剂，破坏氨基或氢键使蛋白质失活的甲醛、戊二醛等醛类物质。

Box 4-3 Chemical sterilization

Chemicals are also used for sterilization. Heating provides a reliable way of sterilization, but it is not always appropriate if it damages heat-sensitive materials such as biological materials, fiber optics, electronics, and many plastics. In these situations chemicals, either as gases or in liquid form, can be used as sterilants. Users must ensure that article to be sterilized is chemically compatible with the sterilant being used. In addition, the use of chemical sterilants poses new challenges for workplace safety, as the properties that make chemicals effective sterilants usually make them harmful to humans.

四、过滤除菌（Filtration sterilization）

过滤除菌指利用微生物不能透过滤膜而达到除菌的目的，适用于不耐高温的液体培养基组分或热敏性物质的除菌及空气的过滤除菌。方法是用 0.01～0.45μm 孔径的滤膜对不耐热化合物或压缩空气进行除菌。工业上常用此法制备无菌空气，以供好氧微生物液体深层发酵使用，具体方法见本章第三节。

Box 4-4 Sterile filtration

Fluids that would be damaged by heat, irradiation or chemical sterilization can be sterilized by microfiltration using membrane filters. This method is commonly used for heat labile components, such as wine and protein solutions, in food and pharmaceutical industry. A microfilter with pore size 0.22μm removes microorganisms effectively. The smaller the pore size is, the slower the flow rate is. In order to achieve higher total throughput or to avoid premature blockage, pre-filters might be used to protect small pore membrane filters.

Membrane filters used in production processes are commonly made from materials such as mixed cellulose ester. Filtration equipment and filters may be purchased as pre-sterilized disposable units in sealed packages, or must be sterilized by the user, generally by autoclaving at a temperature that does not damage the fragile filter membranes.

第二节 培养基灭菌

Medium Sterilization

由于蒸汽穿透力强、潜热大，且能增加菌体水分并降低蛋白质变性温度，因而工业化生产中培养基灭菌主要采用湿热灭菌的方式，用蒸汽加热的方法对培养基灭菌的要求是：既要达到灭菌程度，又要尽量减少营养成分的破坏。方法有两种：分批灭菌和连续灭菌。

一、分批灭菌（Batch sterilization）

将配制好的培养基放入发酵罐中用蒸汽加热，达到预定灭菌温度后，维持一定时间，然后冷却到发酵温度，又称实罐灭菌（real tank sterilization）或间歇灭菌（intermittent sterilization）。

（一）灭菌过程（Sterilization process）

整个过程包括加热、保温和冷却 3 个阶段。灭菌主要在保温过程中实现。

1. 加热阶段（Heating stage）

（1）间接加热（Indirect heating）

通过夹套或蛇管通入蒸汽，预热至 80～90℃，逐渐关小排汽阀。目的：使物料溶胀和受热均匀；减少冷凝水量。

（2）直接加热（Direct heating）

直接向培养基中通入蒸汽，使温度逐渐达到灭菌温度。

2. 保温阶段（Holding stage）

当温度升至灭菌温度 121℃、罐压为 1×10^5Pa（表压）时，打开管道阀门排汽，以不留灭菌死角；调节好进汽阀门和排汽阀门的排汽量，使罐压和温度维持在一定水平，保温 20min。

3. 冷却阶段（Cooling stage）

保温结束后，先关闭排汽阀门，再关闭进汽阀门，当温度降到 100℃时通入无菌空气，以维持罐压。在夹套或蛇管中通冷水进行冷却，使培养基温度降至所需温度。

（二）分批灭菌的优缺点（Pros and cons of batch sterilization）

优点：分批灭菌不需要其他设备，操作简单易行，灭菌效果可靠，是中小型发酵罐常用的一种灭菌方法。

缺点：升降温时间长，发酵罐利用率降低，培养基营养成分受到一定程度的破坏。

二、连续灭菌（Continuous sterilization）

连续灭菌是将配制好的培养基在输送至发酵罐之前将其迅速加热至灭菌温度（130～140℃），短时间保温（5～8min）后，被快速冷却的过程，又称“连消”。其特点是高温短时灭菌，有利于减少培养基中营养物质的破坏。常用的连续灭菌工艺有连消塔式、喷射加热式和薄板换热器。

（一）连续灭菌流程（Procedures of continuous sterilization）

1. 连消塔式（Sterilizing column）

我国最常见的连续灭菌方法是连消塔式，由配料罐、泵、加热塔、维持罐和冷却管组成（Figure 4-1）。

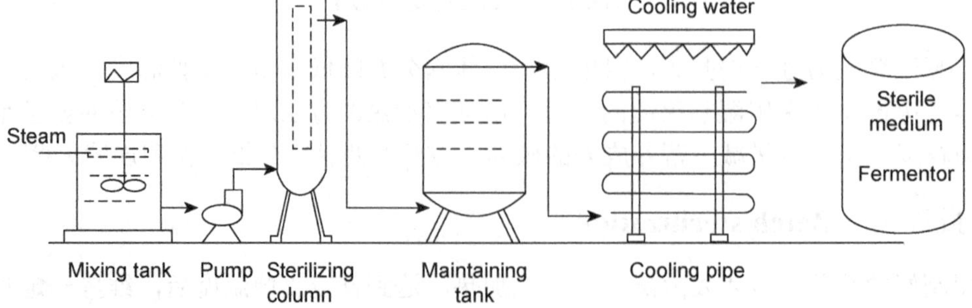

Figure 4-1 Continuous sterilization process

（1）配料罐（Mixing tank）

在配料罐中将培养基升温至 50～70℃，使一些不溶性物料发生糊化，不易沉淀，便于运输。

（2）加热塔（Sterilizing column）

加热塔又称“连消塔”，其作用是利用高温蒸汽将培养基迅速加热至灭菌温度（130～140℃）。预热的培养基通过泵（pump）进入加热塔底部，维持 20～30s 后，由加热塔顶部流出。

（3）维持罐（Maintaining tank）

仅靠加热塔很短的灭菌时间是不够的，维持罐的作用是使培养基在灭菌温度下保持 5～8min，以达到灭菌的目的。

（4）冷却管（Cooling pipe）

从维持罐流出的培养基经冷却管冷却，输送至预先灭菌的发酵罐内。

2. 喷射加热式（Injection heating）

培养基经过渐缩喷嘴高速喷出的同时将高温蒸汽吸入，使培养基迅速上升至灭菌温度，在维持管中完成保温，保温时间由维持管的长度决定；再通过膨胀阀进入真空冷却器急速冷却，进入发酵罐（Figure 4-2）。

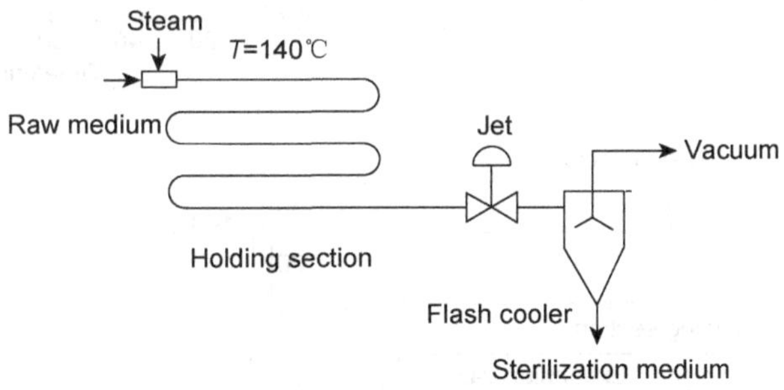

Figure 4-2　Injection sterilizer

3. 薄板换热器（Plate heat exchanger）

培养基在薄板换热器的加热阶段是由蒸汽升温至灭菌温度，经维持段保温一段时间后，进入冷却段冷却。其特点是培养基在薄板换热器中同时完成预热、灭菌和冷却过程，节约了蒸汽及冷却水的用量（Figure 4-3）。

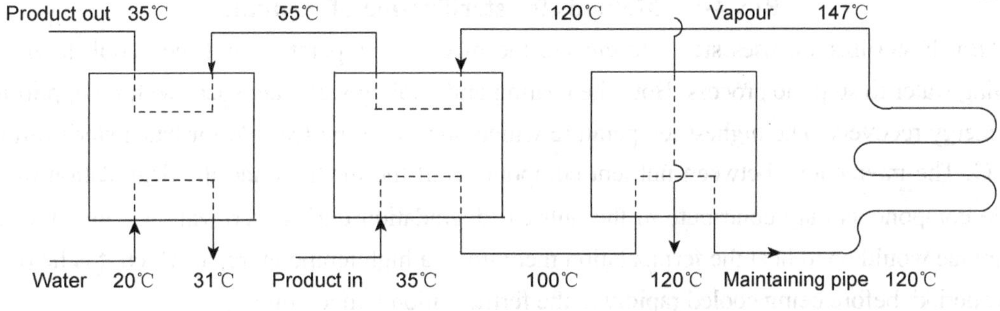

Figure 4-3　Plate heat exchanger

（二）连续灭菌与分批灭菌的比较（Comparison between continuous and batch sterilization）

连续灭菌与分批灭菌相比各有优缺点，分批灭菌时间较长，对营养成分破坏较大，当生产规模较大时宜采用连续灭菌，两者的比较见 Table 4-1 和 Figure 4-4。

Table 4-1　Comparison of batch sterilization and continuous sterilization

Batch sterilization	Continuous sterilization
1. Lower initial costs of investment	1. Less thermal degradation of medium
2. Easier manual control	2. Easier automatic control
3. Easier to use with medium containing a high proportion of solid matter	3. Shorter sterilization time
4. Less risk of contamination after sterilization is over because sterilization can be done in the same vessel or in the fermenter itself	4. Less holding capacities of steam

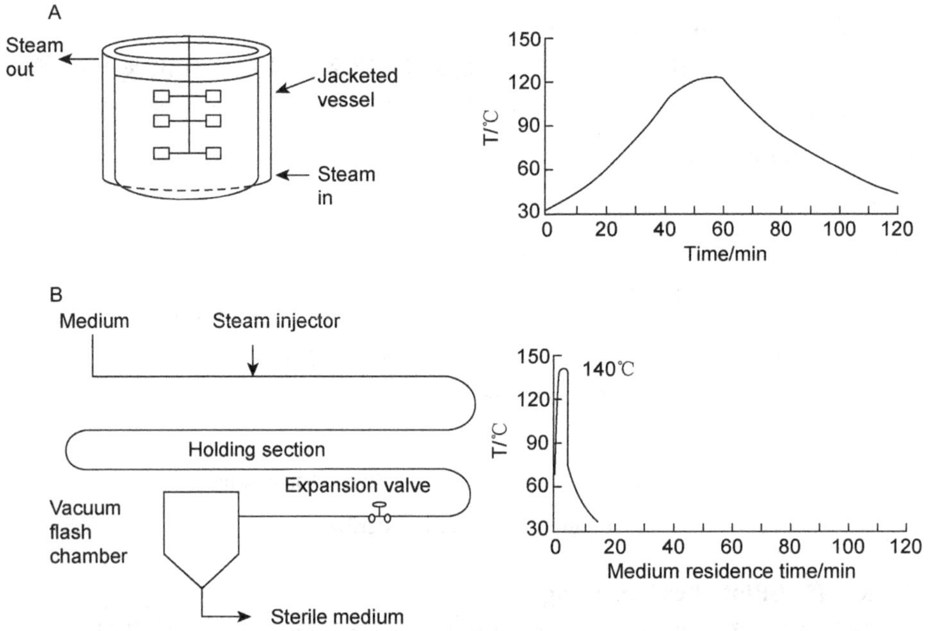

Figure 4-4　Comparison of batch (A) and continuous (B) sterilization

Box 4-5　Methods for sterilization of medium

Batch sterilization uses steam to elevate the medium temperature and then cool down with cooling water to stop the process. Both the heating and cooling water are spent with no opportunity for energy recovery. The highest temperature which appears to be feasible for batch sterilization is 121℃. The interactions between nutrient components of the medium and the degradation of heat labile components may contribute to the nutrient degradation during sterilization. Thus, the ideal technique would be to heat the fermentation medium to a high temperature, at which it is held for a short period, before being cooled rapidly to the fermentation temperature.

However, it is obviously impossible to heat a batch of many thousands of liters of broth in a tank to a high temperature and hold for a short period and cool without the heating and cooling periods. The only practical method is continuous sterilization, which is carried out by directly injecting the steam or by means of heat exchangers. The temperature is raised to 140℃ quickly and maintained for a very short time. This is based on the principle that the time required for killing microorganisms is much shorter at higher temperature. A major limitation to the adoption of continuous sterilization is the precision of control necessary for its success.

三、固体原料的灭菌（Sterilization of solid raw materials）

由于发酵工业所用固体具有流动性和传热性差及降温慢的特点，因而对于固体培养基，除了可采用自制土蒸锅进行湿热灭菌之外，还可采用转鼓式灭菌器进行灭菌。转鼓式灭菌器外形如鼓，能承受一定的压力，缓慢的转动使培养基得到较为充分的混匀，轴中心为一带孔的圆管，蒸汽沿轴中心通入鼓内培养基中进行加热，达到一定温度后，进行保温灭菌。灭菌结束后用真空泵对转鼓抽气，以降低鼓内压力和培养基温度。

固体培养基灭菌时间比液体培养基时间长，原因是液体培养基灭菌时，既有传导又有对流，而固体培养基只有传导而无对流，水蒸气不易进入颗粒内部，传热速率较慢。

第三节　空 气 除 菌

Air Filtration

一、空气中的微生物（Airborne microorganisms）

利用好氧微生物进行纯培养在发酵工业中占绝大多数，其生长和代谢产物的合成均需消耗大量的溶解氧，而氧的来源是空气，但空气中的微生物一旦进入发酵液，则会在适宜的条件下利用培养基中的营养物质大量繁殖，造成正常发酵的失败，因此，空气除菌是保证发酵正常进行的必要手段。

空气中的微生物以细菌和细菌芽孢为主，也有酵母菌、霉菌、放线菌和噬菌体。发酵工业中所用的“无菌空气”是指除菌后的空气微生物含量达到一个很低的水平，通常认可的空气染菌概率为 10^{-3}，即 1000 次发酵只允许 1 次染菌。

二、空气除菌的方法（Methods of air sterilization）

空气除菌的方法大多为物理方法，一类是利用加热或辐射方法使微生物蛋白质变性而失活；另一类是利用静电吸附或过滤介质除去微生物。

1. 热灭菌（Heat sterilization）

对于能耐受较高温度的细菌芽孢，在 160℃保持 1～2h 或升温到 200℃以上保持数十秒即不能存活，但由于空气的传热系数低，热灭菌的方法常无法保证除菌效果。

2. 辐射灭菌（Radiation sterilization）

α 射线、β 射线、γ 射线、紫外线、超声波等都能破坏蛋白质等生物活性物质，从而起到杀菌作用。辐射灭菌一般仅用于一些表面或有限空间内空气的灭菌，对大规模空气的灭菌则不宜采用此种方法。

3. 静电除菌（Electrostatic sterilization)

利用静电引力吸附带电粒子而达到除尘灭菌的目的。空气中的微生物，大多带不同电荷，那些不带电的微粒进入高压静电场时也会被电离成带电微粒，但直径很小的微粒所带电荷也少，常不被吸附而沉降，所以静电除尘对小微粒灭菌效率较低。

4. 过滤除菌（Filtration sterilization）

过滤除菌是发酵工业中经常使用的空气除菌方法，即采用定期灭菌的干燥介质阻截空气中的微生物制得无菌空气，常用的过滤介质有棉花、活性炭、玻璃纤维、有机合成纤维等。

三、过滤除菌的原理（Principles of air filtration）

根据除菌机制的不同，过滤除菌分绝对过滤和深层过滤。

（一）绝对过滤（Absolute filtration）

利用孔隙小于 0.5μm 的微孔滤膜，将液体或空气中的细菌滤除。其特点是过滤介质的孔径小于被过滤微粒的直径，常采用细小纤维介质，如纤维素酯微孔滤膜等制成，对细菌的过滤效果可达 100%。

（二）深层过滤（Depth filtration）

介质的孔隙大于 0.5μm，空气过滤常用这种孔隙大于细胞颗粒的深层过滤。当以纤维（棉花、玻璃纤维等）或颗粒状（活性炭）为过滤介质时，其孔隙大于 50μm，过滤层较厚，这种除菌不是真正意义上的过滤，是靠静电、扩散、惯性和阻截等作用机制将细菌截留在滤层中。

1. 布朗扩散（Brownian diffusion）

直径小于 1μm 的微粒在慢气流中产生的不规则直线运动称为布朗扩散。空气流速低时，分子运动较显著，微粒被去除的概率增加；气流速度大时，小颗粒凝聚为较大颗粒的现象被惯性碰撞所取代。

2. 惯性碰撞（Inertial impaction）

微生物等颗粒由于具有一定质量，因而在随空气运动时具有一定惯性，碰到纤维时，由于惯性作用而被滞留在纤维表面上。当空气流速过低时，惯性截留作用很小；当空气流速增大时，惯性截留起主导作用。

3. 阻滞截留（Interception）

气流速度低时，微粒不能因惯性截留在纤维上，截留效率下降。由于微生物微粒直径小、质量轻，随气流慢慢靠近纤维时被黏附截留。阻滞截留作用在介质过滤除菌中并非主要作用，因为在实际过滤中气流速度不可能很慢。

4. 重力沉降（Gravity settling）

微粒虽小，但仍有重力。当微粒所受的重力大于气流对它的拖带力时，微粒会沉降。重力沉降作用一般与拦截作用相配合，从而提高了拦截捕集作用。

5. 静电吸引（Electrostatic attraction）

许多微生物和孢子带电荷，当具有一定速度的气流通过介质滤层时，由于摩擦作用产生诱导电荷，当菌体所带电荷与介质电荷相反时，即发生静电吸附作用。

以上 5 种作用机制在空气过滤中的示意图见 Figure 4-5。一般认为，惯性碰撞、阻滞截留和布朗扩散的作用较大，而重力和静电引力的作用较小。

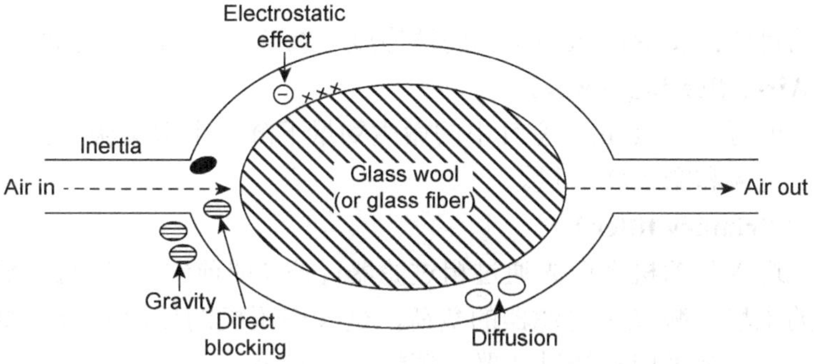

Figure 4-5　Use of depth filter in air sterilization

绝对过滤和深层过滤的区别见 Table 4-2。

Table 4-2　Comparison of absolute filtration and depth filtration

Absolute filtration	Depth filtration
1. The pore size is smaller than the particle size	1. The gaps between the fibrous materials are bigger than the particle size
2. Sterilization efficiency is 100%	2. Sterilization can not be 100%
3. Pressure drops are high	3. Pressure drops are low
4. Filter thickness is small	4. Filter thickness is more
5. Cost of initial investment is high	5. Initial investments are low
6. Choking/clogging takes place fast	6. Choking and clogging do not take place slow
7. Cleaning and replacement are difficult	7. Cleaning and replacement are easy

四、空气净化流程（Air sterilization process）

无菌空气的制备包括两个阶段：①对进入空气过滤器的空气进行预处理，以得到初步净化的空气；②对空气进行过滤，以除去其中的微生物颗粒。

具体流程为：利用空压机的抽吸作用，使空气先经粗过滤器（或前置高效过滤器），滤去空气中颗粒较大的尘埃，再进空压机，压缩后的空气先冷却至适当的温度，经分离除去油和水，再加热至适当温度，使其相对湿度为 50%～60%，最后经空气过滤器除菌，得到无菌空气（Figure 4-6）。

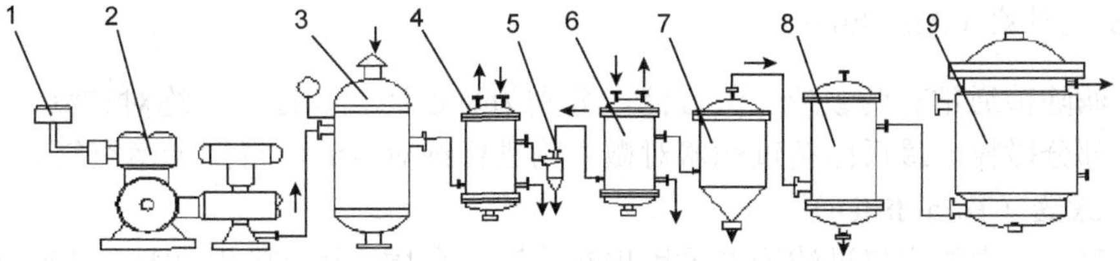

Figure 4-6　The process of air filtration

1. Coarse filter; 2. Air compressor; 3. Recovery tank; 4, 6. Cooler; 5. Cyclone separator; 7. Wire mesh demister; 8. Heater; 9. Filter

（一）空气预处理（Air pretreatment）

空气预处理的目的：①提高压缩空气的洁净度；②除去压缩空气中的油和水。

1. 采风塔（Air-collecting tower）

一般认为，高度每上升 10m，空气中的微生物量下降一个数量级。因此，提高空气吸入口的高度，可减少尘埃和微生物含量。

2. 粗过滤器（Primary filter）

吸入的空气在进入压缩机之前先通过粗过滤器过滤（或前置高效过滤器），其目的是滤去空气中颗粒较大的尘埃，减轻主过滤器的负荷，延长空压机的使用寿命。要求过滤效率高，阻力小，容灰量大。通常采用布袋过滤器、填料过滤器等。

3. 空气压缩机（Air compressor）

为了克服输送过程中过滤介质的阻力，吸入的空气必须经空气压缩机压缩，压缩后空气温度会显著上升。目前常用的空气压缩机有涡轮式压缩机、往复式压缩机等。

4. 贮气罐（Gas holder）

贮气罐一般紧接空气压缩机安装，其作用有：①消除空气压缩机排出空气量的脉动，维持稳定的空气压力；②利用重力沉降作用分离部分油雾。

5. 空气冷却器（Air cooler）

空气压缩机出口温度一般在 120℃左右，若直接通入过滤器，引起的不良后果有：过滤介质炭化或燃烧；增大培养装置的降温负荷，不利于培养过程的温度控制；增加培养液水分的蒸发。空气冷却器一般有列管式换热器和翘板式换热器。

6. 气液分离器（Vapor-liquid separator）

空气冷却降温后相对湿度增大，超过其饱和度时，就会析出水来，使过滤介质受潮失效，因此压缩后的湿空气要除水；由于空气经压缩机后会夹带润滑油，因此除水的同时要进行除油。油水分离器有以下两类。

1）旋风分离器（cyclone separator）：利用离心力进行沉降，气流从切线方向进入容器，在容器内形成旋转运动，进行气-固和气-液的分离。

2）丝网分离器（wire mesh separation）：利用惯性进行拦截，使气体通过，雾滴被拦截在丝网上。

7. 空气加热器（Air heater）

压缩空气经冷却并除去油水后，空气的相对湿度为 100%，若不加热升温，只要湿度稍有降低，就会析出水分，使过滤介质受潮而失去过滤作用。一般升温 10～15℃即可保证空气进入过滤器时保持相对干燥。空气加热一般采用列管式换热器。

（二）空气过滤（Air filtration）

空气过滤除菌通常有两级或三级过滤，分别为总过滤、预过滤和绝对过滤。总过滤和预过滤除去大部分微粒，最后由精过滤器对微生物进行绝对过滤，得到无菌空气。

1. 总过滤器（Total filter）

早期发酵工业中的空气过滤器多采用棉花为过滤介质，由于其孔隙大于被拦截的微生物，因而要求有一定的厚度。在过滤器中，上下铺设两层棉花，中间为活性炭，两头有压板将过滤层压实（Figure 4-7）。使用前用蒸汽灭菌，灭菌后立即用空气吹干。不足之处在于：棉花阻力较大，空气压力损失大；对直径较小的微粒截留率较低，无菌空气的可靠性不够；对空气湿度要求过高，棉花受潮后易造成染菌。

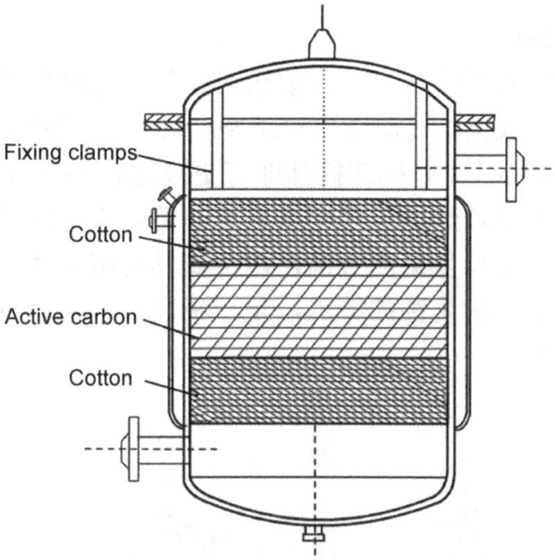

Figure 4-7　Cotton active carbon filter

随着材料工业的发展，出现了玻璃纤维，虽然其除菌能力稍差，但具有以下优势。

1）阻力较小，使总过滤器上的压降大大减小；

2）灰尘容量较大，过滤介质使用时间较长；

3）耐湿性较好，受潮后不易发霉。

进一步的纤维折叠式生产工艺，把过滤介质做成折叠式滤筒（Figure 4-8），具有结构紧凑、过滤面积大、体积小、风阻低、强度高、更换方便等特点。现大多数工厂采用过滤筒作为无菌空气的第一级过滤，以除去 5μm 以上的微粒。常见的过滤筒直径为 100～500mm，长 300～1000mm。

Figure 4-8　Filter cartridge

2. 预过滤器（Pre filter）

预过滤器去除的颗粒比总过滤器去除的小，要求过滤介质孔径为 0.5μm 到几十微米。外壳为不锈钢，内置涂覆聚四氟乙烯（polytetrafluoroethylene，PTFE）的玻璃纤维折叠滤筒作为无菌处理的预处理器，使用一定时间后更换滤芯，经济实用，一些小型发酵设备常用这种过滤器经两级过滤得无菌空气。

3. 精过滤器（Fine filter）

精过滤器是无菌空气制备的终端过滤，要求对空气中的微生物进行绝对过滤，孔径小于0.22μm，可用高温蒸汽反复灭菌，过滤效率可达99.9999%。预过滤器和精过滤器外形基本相同，进出口管道位于同一中心线上，拆卸筒体即可更换滤芯（Figure 4-9）。小型发酵工厂为了节约成本，一般用涂覆聚四氟乙烯的玻璃纤维折叠滤筒，大型发酵工厂常用聚四氟乙烯微孔膜。聚四氟乙烯微孔膜可经受反复蒸汽灭菌，由于其具有疏水性，灭菌后不需干燥即可过滤空气，具有强度高、耐高温、耐腐蚀的特点，是一种高效、高通量的空气过滤材料。目前已制成标准件，装拆更换方便。

A　　B　　C

Figure 4-9　Air filter equipped with membrane cartridge filters (A), membrane cartridge filter (B) and membrane cartridge (C)

Box 4-6　Air sterilization

Air filtration is the most commonly used sterilization method in fermentation industries. In the past, air filters were packed with cotton or beads of activated carbon or fiberglass. When the air is passed through a glass wool contained in depth filters, the particles are trapped and removed. But moisture may cause some troubles because it may result in a quite high pressure drop and enable microorganisms to pass. Currently, there is a pronounced trend of using membrane filters for air sterilization to obtain excellent performance with units of relative small size. These are removable pleated membrane filters made up of fiberglass covered with PTFE. Membrane cartridge filters are simpler for operation and replacement. Additionally, they can be used for removing bacteriophages which may interfere the industrial fermentation e.g., glutamic acid production by *Corynebacterium glutamicum*.

Summary

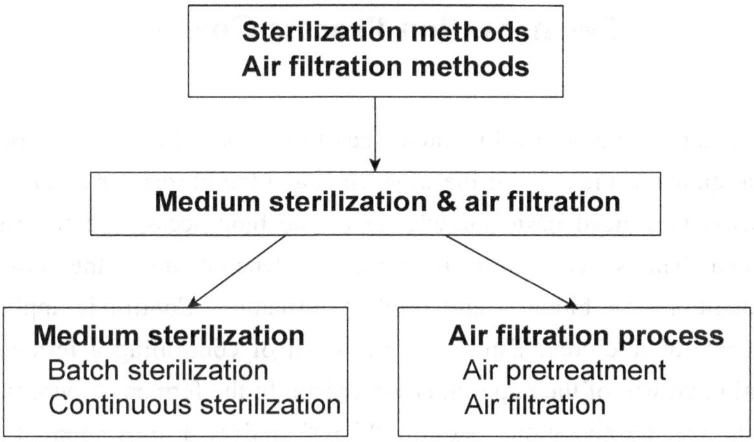

Review Questions

1. Tell the difference between sterilization and disinfection, batch sterilization and continuous sterilization (describe the advantages and disadvantages, respectively).

2. State the procedures of continuous sterilization and the process of air filtration. Tell the functions of individual equipment.

3. How can the temperature in the autoclave go above boiling temperature?

第五章　发酵过程控制
Fermentation Process Control

The growth of an organism in a bioreactor has to be controlled, so the operators must have sufficient information about the state of the organisms and the bioreactor conditions. Monitoring a fermentation process may need basic knowledge of the bioprocess, and the running conditions should be recorded. The success of a fermentation depends upon the existence of defined environmental conditions for biomass and product formation. Control is applied to provide an optimal environment for microorganisms. The principal of controlling a fermentation process is managing population growth of the target microorganism. In the fermenter system, the microbe will be inoculated into the fermentation medium "feast" and will thus attempt to colonize this environment through rapid growth. The role of the fermentation control strategy is to provide the optimum conditions for microbe growth and colonization by control of environmental factors such as temperature, aeration, pH, and dissolved oxygen. The provision of such conditions requires careful monitoring (data acquisition and analysis) of the fermentation so that any deviation from the specified optimum might be corrected by a control system. Measurements and control of the fermentation conditions are very important for bioprocess control as they provide knowledge and hence a better understanding of the operation.

微生物发酵的生产水平不仅取决于生产菌种本身的性能，还取决于保证菌种性能充分发挥的环境条件。发酵是微生物合成大量产物的过程，是整个发酵工程的中心环节。在发酵过程中应根据实际情况，对发酵过程的参数，如温度、pH 和溶氧等进行调节和控制。此外，还要根据投料方式，决定是否在发酵过程中进行补料操作。

第一节　发酵工艺的类型
Types of Fermentation Technology

一、按对氧的需求分类（Classification based on oxygen demand）

（一）好氧发酵（Aerobic fermentation）

好氧发酵是好氧微生物与空气（氧气）接触时生长、繁殖、氧化有机物或无机物的代谢产能过程，如柠檬酸发酵、谷氨酸发酵等。

好氧发酵在密闭通风发酵罐中进行，通风发酵罐有通用式、自吸式、气升式等多种类型。

1. 通用式发酵罐（General fermenter）

通用式发酵罐又称机械搅拌通气发酵罐（mechanically stirred aerated fermenter），是一种既有机械搅拌又有压缩空气分布装置的发酵罐，内装搅拌器、通风管、进出料管和冷却装置等（Figure 5-1）。

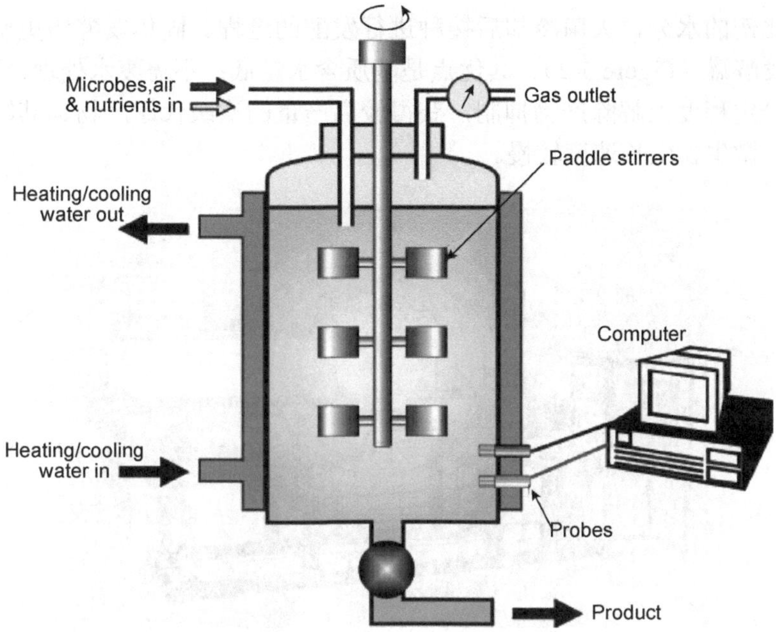

Figure 5-1 General fermenter

2. 自吸式发酵罐（Self-priming fermenter）

用于乙酸、酵母等发酵的自吸式发酵罐是一种不需要空气压缩机、在搅拌过程中自动吸入空气的发酵罐。其原理是转子高速旋转时，在转子中心处形成负压，空气被不断吸入，从而减少了空气净化系统的部分设备，且溶氧效率高。为了提高吸气量、降低转子的功率消耗，应适当降低罐的高度。

3. 气升式发酵罐（Air-lift fermenter）

气升式发酵罐是一种不用机械搅拌、借通风供给氧气并起到搅拌作用的发酵罐，有内循环和外循环气流搅拌两种，原理是分别将空气上升管装在罐内外，压缩空气以高速喷出形成循环，具有结构简单、无搅拌传动设备、节省动力、减少染菌等特点。

（二）厌氧发酵（Anaerobic fermentation）

厌氧发酵是在隔绝空气的条件下，兼性或专性厌氧微生物对物质进行生化降解的过程，如乙醇发酵、乳酸发酵等。

厌氧发酵在密闭厌氧发酵罐中进行，常为圆柱锥底形，酵母凝集沉淀于锥底，回收方便，罐体带有冷却夹套或盘管。

（三）兼性厌氧发酵（Facultative anaerobic fermentation）

兼性厌氧发酵是利用既可在有氧环境、又可在无氧环境中生活的兼性厌氧微生物进行的发酵。酵母菌、乳酸菌等属于兼性厌氧微生物，如酵母菌在缺氧条件下进行乙醇发酵，在有氧条件下则进行好氧发酵，产生大量酵母细胞。

二、按培养基状态分类（Classification based on medium state）

（一）固态发酵（Solid state fermentation）

我国发酵生产大体经历了固体发酵→浅盘发酵→液体深层发酵的过程，固体发酵是在原料中加入一定比例的水分，灭菌冷却后接种进行发酵的过程。固体发酵历史悠久，现已设计了密闭式固体发酵罐（Figure 5-2）。其优点是基质含水量低；不需废水处理；不需连续通风，能耗低；可在一定程度上解除产物抑制，获得较高产量的次级代谢产物。其缺点是发酵参数难以准确测定；微生物生长速度较慢。

Figure 5-2　Solid fermenter

Box 5-1　Fermenter

Industrial fermentations are typically carried out in large tank, named fermenter or bioreactor. For aerobic fermentations, air is typically used because it is an inexpensive way to provide enough oxygen for cellular respiration. For anaerobic fermentation, such as the production of ethanol, introduction of air is not required, while only agitation is needed to keep the organisms suspended. Cooling is typically required, since organisms produce waste heat as part of their metabolisms.

（二）液态发酵（Liquid state fermentation）

液态发酵是最常见的发酵方式，最初是将发酵原料配制成液体状态，将其放在瓷盘内进行静置培养，又称表面培养（surface cultivation）。此法劳动强度大，产量小，易污染，现已被液体深层发酵（submerged fermentation）所取代。

与固态发酵相比，液态发酵的优点是菌体生长快，产率高，周期短，参数易于控制，产品质量稳定，易于提取精制。其缺点是投资高，耗能高，设备复杂，有废液排放。

三、按投料方式分类（Classification based on feeding mode）

（一）分批培养（Batch culture）

分批培养是指将细胞和培养基一次性装入反应器内进行培养，细胞不断生长，产物不断形成，经过一段时间后终止培养。细胞分批培养的生长曲线即微生物细胞的生长曲线。

1. 细菌生长曲线（Bacterial growth curve）

分批培养过程分为延滞期、对数期、稳定期和衰亡期（Figure 5-3）。

（1）延滞期（Lag phase）

延滞期指细胞接种后到细胞分裂繁殖所需的时间，其长短受环境条件及细胞本身的影响，是细胞分裂繁殖前的准备时期，在此时期内细胞不断适应新的环境，同时不断积累细胞分裂繁殖所必需的活性物质，细胞浓度无明显增加。一般选用生长旺盛的对数生长期细胞作为种子，且接种量要达到一定浓度，以缩短延滞期。

（2）对数期（Logarithmic phase）

细胞经过延滞期后开始迅速繁殖，进入对数生长期，在此时期，培养基中营养物质充足，有害代谢物少，细胞随时间呈指数函数形式增长，又称指数生长期（exponential phase）。细菌生长不能长久地处于对数生长期。

（3）稳定期（Stationary phase）

细胞通过对数生长期迅速生长繁殖后，由于营养物质的不断消耗及有害代谢物的积累，细胞经过生长减速期后逐渐进入平稳期，此时细胞生长及代谢速度减慢，细胞数量不再增长，达最大值。许多次级代谢产物在此时大量合成。

（4）衰亡期（Death phase）

经过稳定期之后，由于生长环境的恶化，细胞逐渐进入衰亡期，这一时期细胞生长呈负增长，出现自溶、代谢停止、细胞能量耗尽等现象，在细胞进入死亡期前必须停止发酵。

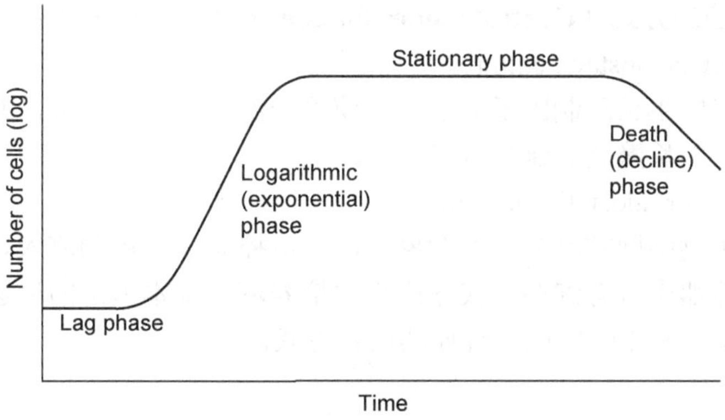

Figure 5-3　Phases of microbial growth

2. 分批培养的特点（Characteristics of batch culture）

分批培养的主要特征是营养物质不断被消耗，有害代谢产物不断积累，而且在培养的后期往往出现营养成分缺乏或抑制性代谢物积累的现象，不能使细胞自始至终处于最优条件下进行生长代谢，因而分批培养并不是一种理想的培养方式。

Box 5-2　Bacterial growth curve and batch culture

Batch culture is a closed culture system which contains an initial, limited amount of nutrients. The inoculated culture will pass through a number of phases, as illustrated in Figure 5-3. After inoculation, there is a period during which it appears no growth takes place; this period is referred to as the lag phase and may be considered as a time of adaptation. In a commercial process the length of the lag phase should be reduced as much as possible and this may be achieved by using a suitable inoculum.

Following the lag phase, the growth rate of the organisms steadily increases, this period is the log or exponential phase. After a certain time, the rate of growth slows down and enters the stationary phase. If all of the nutrients in the medium are consumed, or if the concentration of toxins reaches a certain level, the cells may begin to die off. In the death phase, the total amount of biomass may not decrease, but the number of viable organisms decreases.

Thus, batch fermentation may be used to produce biomass, primary metabolites and secondary metabolites. For biomass production, cultural conditions need to support the fastest growth rate and the maximum cell population; for primary metabolite production, conditions must extend the exponential phase accompanied by product excretion; and for secondary metabolite production, conditions should give a short exponential phase and an extended production phase.

（二）连续培养（Continuous culture）

连续培养是指在反应器中不断补充新鲜的营养成分，并不断以同样速度排出菌体及代谢产物，使对数生长期延长的培养方式。

1. 连续培养的控制方式（Control modes for continuous culture）

（1）恒化培养（Chemostatic culture）

通过控制培养基中生长限制因子的浓度，使培养液浓度保持不变，并使微生物在低于最高生长速度的条件下生长繁殖的连续培养方式。

（2）恒浊培养（Turbidostatic culture）

以培养器中微生物细胞密度为监控对象，用光电控制系统控制流入培养器的新鲜培养液的流速，同时使培养器中含有细胞与代谢产物的培养液以基本恒定的流速流出，从而保持培养器中微生物细胞密度基本恒定的一种连续培养方式。

Box 5-3　Continuous culture

In a continuous operation, one or more feed streams containing the necessary nutrient are fed continuously while the effluent steam containing the cells, products and residuals is continuously removed. A chemostat is a nutrient-limited self-balancing culture system which may be maintained in a steady state over a wide range of sub-maximum specific growth rates.

An alternative type of continuous culture to the chemostat is the turbidostat, where the concentration of cells in the culture is kept constant by controlling the flow of medium that the turbidity of the culture is kept within certain, narrow limits. The chemostat is a commonly used system because it has the advantage over the turbidostat for not requiring complex control systems to maintain a steady state. But continuous culture is not a dominant mode of industrial operation primarily because of the difficulty in maintaining sterility (contamination by other organisms) and protecting against phage attacks or mutations.

2. 连续培养与分批培养的比较（Comparison of continuous culture and batch culture）

与分批培养相比，连续培养的优缺点如下。

优点：①保持恒定的操作条件；②设备利用率高；③容易对培养过程进行优化。

缺点：①易污染；②菌种易退化。

（三）补料分批培养（Fed-batch culture）

补料分批培养又称“流加发酵”（fed-batch fermentation），在微生物分批培养过程中，以某种方式向发酵系统中补加营养成分，使细胞生长和产物生成维持在优化状态，直到发酵结束后获得产物。此法既可避免某种营养成分初始浓度过高产生的抑制效应，又可防止某些限制性营养成分在培养过程中被耗尽而影响细胞生长和产物的形成，是一种克服了分批培养和连续培养两者的缺点、具有划时代进步的发酵技术。

1. 与分批培养相比（Compared with batch culture）

1）解除了底物的抑制作用；

2）延长了次级代谢产物的合成时间；

3）能够达到高密度细胞培养；

4）能够稀释有毒代谢产物。

2. 与连续培养相比（Compared with continuous culture）

1）避免了微生物菌种的老化和变异；

2）终产物浓度较高，有利于产物的分离；

3）适用范围广。

Box 5-4　Fed-batch culture

Fed-batch culture is a semi-batch operation in which the nutrients necessary for cell growth and product formation are fed either intermittently or continuously while the product(s) remain in the bioreactor until the end of the run. An alternative description of the method is that “a base medium supports initial cell culture and a supplemental medium is added to prevent nutrient depletion later”. The advantage of the fed-batch culture is that one can control concentration of fed-substrate in the culture liquid at arbitrarily desired levels (in many cases, at low levels). Generally speaking, fed-batch culture is superior to conventional batch culture when controlling concentrations of a nutrient (or nutrients) affect the yield or productivity of the desired metabolite.

第二节　发酵参数的控制

Control of Fermentation Parameters

在实际生产中，发酵环境条件的优化是发酵过程中最基本、最重要、最难掌握的技术指标。温度、pH、溶氧等参数的优化控制，可为微生物生长提供最佳环境条件，从而提高目的产物的得率。

发酵过程中需要检测的参数主要包括物理参数、化学参数和生物学参数。在各种参数的检测中，常使用能够将非电量转化为电量的各种传感器。

一、温度（Temperature）

（一）温度对发酵的影响（Effect of temperature on fermentation）

温度通过影响酶的活性而影响微生物的生长和繁殖。根据微生物对温度的要求大致将其分为 4 类：嗜冷菌（psychrophile）（0～26℃）、嗜温菌（mesophile）（15～43℃）、嗜热菌（thermophile）（37～65℃）、嗜高温菌（hyper-thermophile）（>65℃）。

微生物对温度的要求可用最适温度、最高温度和最低温度来表征。在最适温度下，微生物生长迅速，超过最高温度，微生物很快死亡，低于最低温度，微生物代谢受到很大抑制。

（二）影响发酵温度的因素（Impact factors on fermentation temperature）

发酵过程中积累的净热量 Q_{acc}（net heat accumulation）如下所示。

$$Q_{acc}=Q_f+Q_{ag}-Q_{evap}-Q_{surr}$$

式中，Q_f（heat of fermentation）为微生物生长繁殖及合成代谢产物产生的热量，又称生物热，其大小与微生物的呼吸类型及生长阶段有关。有氧呼吸产生的生物热比厌氧呼吸多，菌体在对数生长期较生长初期和后期产生的生物热高。

Q_{ag}（heat generated by mechanical agitation）为好氧发酵时，搅拌器带动发酵液做机械运动，在液体之间、液体和设备之间，产生摩擦热。

Q_{evap}（heat of evaporation）为通气发酵过程中，进入发酵罐的空气和发酵液充分接触进行热交换而引起的水分蒸发和热量流失，这部分热能称蒸发热。

Q_{surr}（heat dissipated to the surroundings）是发酵液中部分热量通过发酵设备向外辐射损失的热量，辐射热的大小取决于罐温与环境的温差。

Q_{acc} 在发酵过程中会随 Q_f、Q_{ag}、Q_{evap}、Q_{surr} 的变化而变化，从而引起发酵温度发生波动。为了使发酵在一定温度下进行，必须采取措施加以控制。

（三）最适温度的控制（Control of optimal temperature）

多数情况下，微生物的最适生长温度不同于产物合成的最适温度。不同菌种或同一菌种不同的生长阶段及不同的培养条件，最适温度均不相同。

控制原则：在微生物生长阶段，以微生物的生长速度和生长量为目的，控制发酵温度在菌体的最适生长温度范围内；而在产物形成阶段，则以产物生成为目标，选用适合产物形成的最适温度。

Box 5-5　Fermentation temperature control

In large fermenters, heating is not normally required. A regulatory valve at the cooling-water inlet may be sufficient to control the temperature. There may be regulated by cooling-water to the jacket of the fermenter or provision for circulation of refrigerated brine if excessive cooling is required. There are two thermometers in the system——one indicating the temperature of the medium/broth and the other indicating the temperature of the return water flow. In this configuration, the two signals may be compared and control water to the jacket via the control valve shown. Steam inlets to the coil and jacket must be present if a fermenter is being used for batch sterilization of medium.

二、pH

（一）pH 对发酵的影响（Effect of pH on fermentation）

微生物生长和产物合成都有其最适 pH 和耐受范围。大多数细菌和放线菌的最适 pH 为 6.5～7.5，酵母菌为 4～5，霉菌为 5～7。多数微生物生长和产物合成阶段的最适 pH 不同。这与菌种的特性及产物的化学性质有关。

pH 对微生物生长和产物合成的影响表现在：①影响酶的活性；②影响微生物细胞膜所带电荷的状态；③影响培养基的成分和代谢产物的解离；④影响微生物的生物合成方向。

（二）pH 变化的原因（Reasons for pH change）

发酵 pH 变化主要由培养基成分和微生物代谢引起。生理酸性物质使培养基 pH 下降，生理碱性物质使培养基 pH 上升。菌体自身仅有一定的调节能力，有机酸的积累，使 pH 下降；菌体的自溶，使 pH 上升。

（三）最适 pH 的调节（Adjustment of optimal pH）

实际生产中，应根据具体情况确定调节 pH 的方法。例如，调节培养基的起始 pH 或在发酵过程中添加弱酸或弱碱，并合理控制发酵条件，如通气量等。调节 pH 的常用方法有以下两种。

1）添加碳酸钙：适合于采用生理酸性铵盐作为氮源、NH_4^+被菌体利用后剩余的酸根引起发酵液 pH 下降的情况。

2）尿素（氨水）流加法：可同时起到调节 pH 并补充氮源的作用。尿素被菌体脲酶分解放出氨使 pH 上升，氨被菌体利用形成代谢产物又使 pH 下降，故宜采用少量多次流加的方法以维持一定的 pH。

Box 5-6　pH control

In batch culture，the pH of an actively growing culture will not remain constant for very long. In most fermentation processes, it is necessary for pH measurement and control to obtain maximum potential yield. Metabolic processes are typically highly susceptible to even slight changes in pH, and therefore, proper control of this parameter is critical. Precise manipulation of pH can determine the relative yield of the desired products over competitive by-products. Deviations of as little as 0.2 to 0.3 may adversely affect a batch in some cases. Rapid changes in pH can often be reduced by carefully design of medium composition, particularly by using different carbon and nitrogen sources, as well as buffers or by batch feeding during fermentation.

The pH may be further controlled by addition of appropriate quantities of ammonia or sodium hydroxide if it is too acidic, or sulphuric acid if it changes to alkaline.

三、溶氧（Dissolved oxygen, DO）

（一）溶氧对发酵的影响（Effect of DO on fermentation）

根据微生物与氧的关系，可将微生物分为专性厌氧、专性好氧和兼性厌氧微生物。对于专性厌氧菌，如双歧杆菌（*Bifidobacterium*），氧可对其产生毒性，能否将溶氧限制在一个较低水平往往成为发酵成败的关键。对于能够耐受氧的兼性好氧菌，如酵母菌，可在初始阶段提高供氧进行菌体的培养，后期严格控制供氧进行厌氧发酵。对于专性好氧菌，主要利用溶解于水中的氧，过少的溶解氧会影响微生物的呼吸，进而造成代谢异常。溶解氧不影响微生物呼吸时的浓度称为临界氧浓度（critical oxygen concentration）。临界氧浓度不仅取决于微生物本身的呼吸强度，还与培养基组分、菌龄、代谢物的积累及温度等条件有关。

（二）溶氧的变化（Change in DO）

发酵初期，菌体呼吸强度大，但菌体量少，总体需氧量不大。
对数生长期，菌体大量繁殖，需氧量不断增加。
平衡期，菌体呼吸强度有所下降，需氧量减少。
衰亡期，菌体呼吸强度减弱，溶氧逐渐上升。

（三）溶氧的控制（Control of DO）

发酵液中的溶氧浓度是由供氧和需氧两方面决定的。
供氧：调节搅拌转速或通气速率。
需氧：受菌体浓度的影响最明显，可以通过补料分批培养的方式控制最适菌体浓度。

Box 5-7　Dissolved oxygen control

Dissolved oxygen control is achieved in several different ways. It is possible to rely totally on increasing agitator speed to shear air bubbles rising through the broth to increase surface area and thus mass transfer of oxygen from the gaseous to liquid phase. However, it is also possible to cascade the control output from the dissolved oxygen controller to agitator speed, airflow, and pressure or any combination of these.

Strategies for improvement:

1) Higher airflow rates, but this can lead to foam problems;

2) More and larger impellors, but require more motor power, which means increased cost at an industrial scale;

3) More energy to the stirrer for a higher maximum speed, but this adds more heat into the vessel and cooling is a problem at the industrial scale;

4) Increase vessel pressure to improve solubility of oxygen, but this is unsuitable for glass vessels.

四、CO_2（Carbon dioxide）

（一）CO_2 的来源（Sources of carbon dioxide）

CO_2 是微生物呼吸和分解代谢的终产物，也是合成某些代谢产物的重要基质。几乎所有的发酵过程均产生大量 CO_2。好氧发酵通入的无菌空气也含有 CO_2，但比微生物代谢产生的 CO_2 少得多。

（二）CO_2 对发酵的影响（Effect of carbon dioxide on fermentation）

CO_2 对微生物的生长具有刺激或抑制作用。有些微生物的生长需要一定浓度的 CO_2，这种现象称为 CO_2 效应（carbon dioxide effect）。当 CO_2 浓度高于某一临界值时，微生物的呼吸速率下降，影响细胞膜的运输效率，使细胞处于“麻醉”状态。CO_2 的浓度还会影响发酵液的酸碱平衡，导致发酵液 pH 下降。

（三）CO_2 的控制（Control of carbon dioxide）

CO_2 在发酵罐中的浓度变化受多种因素的影响，没有规律可言，对其浓度的控制应随其对发酵的影响而定。

1. 控制通气量和搅拌速率（Control of airflow and agitation rate）

增大通气量和搅拌转速，既可保证发酵液中溶氧浓度，又可排出发酵产生的 CO_2；降低通气量，有利于增加 CO_2 在发酵液中的浓度。

2. 控制罐压（Control of vessel pressure）

CO_2 在发酵液中的溶解度比氧大，增加或降低罐压可增加或降低发酵液中的 CO_2 浓度。

Box 5-8 Carbon dioxide in fermentation

Carbon dioxide is a product of the respiratory and fermentative metabolism of microorganisms. During fermentation, the emission of carbon dioxide correlates with the biomass concentration and substrate consumption. Depending on the concentration, carbon dioxide may influence the growth and metabolism of microorganisms. For example, a high concentration of carbon dioxide leads to a delay in budding of *Saccharomyces cerevisiae*, so the reproduction of yeast is influenced negatively. Also, the formation of products and by-products in the fermentation processes frequently depends on the content of carbon dioxide in the medium.

五、泡沫（Foam）

泡沫是气体被分散在少量液体中形成的胶体体系。发酵过程中形成的泡沫有两种类型，一种是发酵液液面上的泡沫，与下面的液体之间有较明显的界限；另一种是在发酵液当中，又称流态泡沫（fluid foam），这种泡沫与液体之间没有明显的液面界限，泡沫细而均匀，且较稳定。

（一）产生泡沫的原因（Reasons for foam production）

1）与通风搅拌的剧烈程度有关：搅拌引起的泡沫比通风大。

2）与培养基所用原材料的性质有关：培养基中蛋白质浓度高、黏度大时更易起泡。

（二）泡沫的危害（Hazards of foam）

1）过多的泡沫会降低发酵罐的装液系数，从而降低发酵产率。

2）泡沫过多，会引起发酵液溢出罐外（称逃液），增加了染菌的机会。

（三）泡沫的控制方法（Foam control methods）

1. 机械消泡（Mechanical defoaming）

利用机械的强烈振动或压力的变化促使泡沫破碎。一般采用在发酵罐内安装消泡器与罐外采用分离器相结合的方式。罐内消泡器是在搅拌轴上方安装消泡桨，随搅拌轴旋转时借离心力作用将泡沫击碎。罐外消泡法是将泡沫引出罐外，利用喷嘴的加速作用或离心力作用将泡沫击碎。

优点：①不需添加消泡剂，减少染菌的机会；②减少因消泡剂的添加引起培养液性质的改变的可能性，对下游提取无副作用。

缺点：消泡效率不高，对黏度大的泡沫几乎无作用，仅作为化学消泡的辅助方法。

2. 化学消泡（Chemical defoaming）

使用最多的消泡剂是天然油脂（natural oils）和聚醚类（polyether）。常用的天然油脂有玉米油、豆油、棉籽油等，既可作为消泡剂，还可作为培养基的碳源被微生物利用。常用的聚醚类消泡剂有聚氧丙烯甘油和聚氧乙烯氧丙烯甘油（俗称泡敌），添加量一般为0.03%左右。聚醚类消泡剂的消泡能力比植物油大10倍以上。

优点：消泡作用迅速可靠。

缺点：用量过多会增加生产成本，且对产物的提取和精制不利。

Box 5-9　Defoaming

Foam is a serious problem in fermentation processes. A layer of foam can be easily formed under agitation or aeration during fermentation, because large amount of gas is generated in the fermentation broth normally containing a variety of foaming substances, such as proteins and peptides. Foam is a problem because it alters the liquid flow and blocks oxygen transfer from air (thereby preventing microbial respiration in aerobic fermentation processes). To prevent this foam from occurring or accumulating, antifoaming agents such as silicone oils may be added. Chemical methods of foam control are not always desired with respect to the problems (i.e., contamination, reduction of mass transfer). They may cause especially in food and pharmaceutical industries, where the product quality is of great importance. Therefore, mechanical methods are mostly dominant over chemical ones. Foam is detected by observation, conductance, or capacitance probes completing an electric circuit when foam is contacted.

第三节　发酵污染的控制

Contamination Control in Fermentation

绝大多数的工业发酵都是纯种发酵，染菌是指在发酵培养基中侵入了有碍生产的其他微生物。污染杂菌或噬菌体造成发酵失败的事故时常发生，轻者影响产量或质量，重者导致倒罐甚至停产，造成原料、人力和设备动力的浪费。

一、发酵污染（Contamination in fermentation）

（一）染菌的异常现象（Abnormal phenomena of contamination）

1. pH 异常（Abnormal pH）

如污染产酸菌或碳源利用率高、生长较快的杂菌，就会出现 pH 迅速下降的现象。

2. 溶氧水平异常（Abnormal DO）

发酵的不同阶段，其溶氧水平不同，溶氧的异常变化是发酵染菌的表现。当污染好氧菌时，溶氧在短时间内下降；当污染厌氧菌时，生产菌生长受到抑制，溶氧升高。

3. CO_2 变化异常（Abnormal variation of CO_2）

污染杂菌后，糖耗加快，CO_2 含量增加；感染噬菌体后，糖耗减慢，CO_2 含量减少。生产中，可用尾气分析仪判断污染情况。

（二）发酵染菌的原因（Reasons for contamination in fermentation）

1. 种子污染（Seed contamination）

种子带菌发生的染菌率虽然不高，但却是发酵前期染菌的重要原因之一。主要原因有：保藏的斜面试管染菌，培养基及器具灭菌不彻底，种子转移或接菌过程中染菌等。

2. 空气污染（Air contamination）

空气带菌是发酵染菌的主要原因之一，需设计合理的空气预处理工艺，如选择合适的采气口，减少空气的带菌量及油水量；提高进入过滤器的空气温度，降低空气的相对湿度，保持过滤介质的干燥状态；过滤器装填均匀，防止过滤介质短路造成过滤器失效。

3. 灭菌不彻底（Incomplete sterilization）

灭菌不彻底可能的原因有：灭菌时蒸汽压力不足或未将罐内空气完全排除，造成压力表显示“假压”，达不到要求的温度；灭菌时产生大量泡沫，由于泡沫内空气传热差，泡沫内杂菌的释放易造成灭菌不彻底；蒸汽不能有效到达设备安装时造成的“死角”。

4. 设备渗漏（Equipment leakage）

设备渗漏的原因主要有：发酵设备的表面或焊缝处有砂眼，或发酵液的 pH 低，导致腐蚀，造成渗漏，从而引起染菌。

（三）发酵染菌的检查（Detection of contamination in fermentation）

1. 显微镜检查（Microscopic examination）

此法是最简单、最直接、最常用的检查杂菌的方法之一。用革兰氏染色法（Gram staining），在高倍显微镜下观察，根据生产菌和杂菌的特征判断是否染菌，必要时进行芽孢或鞭毛染色。

2. 肉汤培养法（Broth cultivation）

将待测样品接入葡萄糖酚红肉汤培养基中，分别于 37℃和 27℃恒温培养 24h，以适应中温菌和低温菌的生长，观察培养基颜色变化，并定时取样镜检，以生产菌为指示菌。此法常用于检查培养基和无菌空气是否带菌。

3. 平板划线培养（Plate streak cultivation）

将待测样品在无菌平板上划线，分别于 37℃和 27℃恒温培养 24h，镜检观察，判断是否有异常菌落的出现。

二、噬菌体污染与防治（Phage contamination and control）

（一）噬菌体的危害（Hazards of phage）

噬菌体是一种强专一寄生性的病毒，在自然界分布广泛，发酵生产污染的噬菌体分为烈性噬菌体（virulent phage）和温和噬菌体（temperate phage）。烈性噬菌体侵染细胞后快速增殖，在较短时间内使细胞裂解，生产中遇到的多为烈性噬菌体。温和噬菌体感染细胞后，可能增殖释放，也可能随细胞繁殖，在子代细胞中代代相传。

噬菌体主要污染利用细菌或放线菌进行的发酵生产，如氨基酸、抗生素、淀粉酶、丙酮、丁醇等。菌体一旦感染噬菌体，往往在几小时内全部死亡，给生产造成巨大损失。

（二）污染噬菌体的条件（Preconditions of phage infection）

噬菌体体积小，可随空气潜入发酵生产的各个环节。环境中存在溶源性菌株（lysogenic strain）是造成噬菌体污染的主要根源，且噬菌体在脱离寄主的环境中可长期存在，在适宜的条件下侵染生产菌，因此不能随意进行活菌体的排放。

噬菌体污染须具备 3 个条件：①环境中有噬菌体存在；②有活菌体存在；③噬菌体与活菌体有接触的机会。

（三）污染噬菌体的表现（Appearance of phage infection）

细菌感染烈性噬菌体后，一般会出现以下症状：①短时间内大量菌体死亡自溶，菌体浓度很低；②pH 逐渐上升，排出 CO_2 的量急剧下降；③代谢异常，糖耗、氨耗缓慢，产物合成停止；④发酵液泡沫增多，或呈黏胶状。

感染温和噬菌体的外观症状比较温和，仅表现为菌体代谢缓慢、产物合成量减少、发酵周期长等，与其他原因造成的发酵异常难以区分，为噬菌体的大规模暴发埋下了隐患。

（四）噬菌体的检验（Phage detection）

1. 显微镜检查（Microscopic observation）

细胞感染噬菌体后，菌体细胞数量明显减少，细胞变形，边缘不整齐，镜检视野中有明显的细胞碎片或菌丝断片。

2. 双层平板法（Double layered plate method）

在培养基中倒入底层固体培养基，凝固后再倒入宿主细菌和待测样品液的半固体培养基，30℃恒温培养 6～12h 后观察，如有噬菌体，则在双层培养基的上层出现透亮无菌圆形空斑。下层起到支撑和平整的作用，上层琼脂层较稀，可以形成形态较大、便于观察和计数的噬菌斑。

（五）噬菌体的防治（Prevention of phage）

1. 菌种（Strain）

由于噬菌体的专一性强，可采用更换其他性状的生产菌种或换用抗噬菌体菌株，原噬菌体即不起作用。定期分离纯化菌种，及时发现溶源性菌株。

2. 环境（Environment）

净化生产环境，消灭污染源，严格控制活菌体排放。提高空气的净化能力，改进设备装置，消灭死角，彻底清理检查和灭菌。

Box 5-10 Bacteriophages

Bacteriophages (phages) refer to viruses that utilize bacteria as their hosts. They are relatively specific in their ability to infect host bacteria, and with no ability to infect yeasts (eukaryotes). The relationship between phages and their bacterial hosts is very important in the context of the food fermentation industry. Sources of phage contamination, measures to control their propagation and dissemination, and biotechnological defence strategies developed to restrain phages are of interest. The dairy fermentation industry has openly acknowledged the problem of phage contamination. And by working with academia and starter culture companies, it has been developing various defence strategies and systems to curtail the propagation and evolution of phages for decades.

Summary

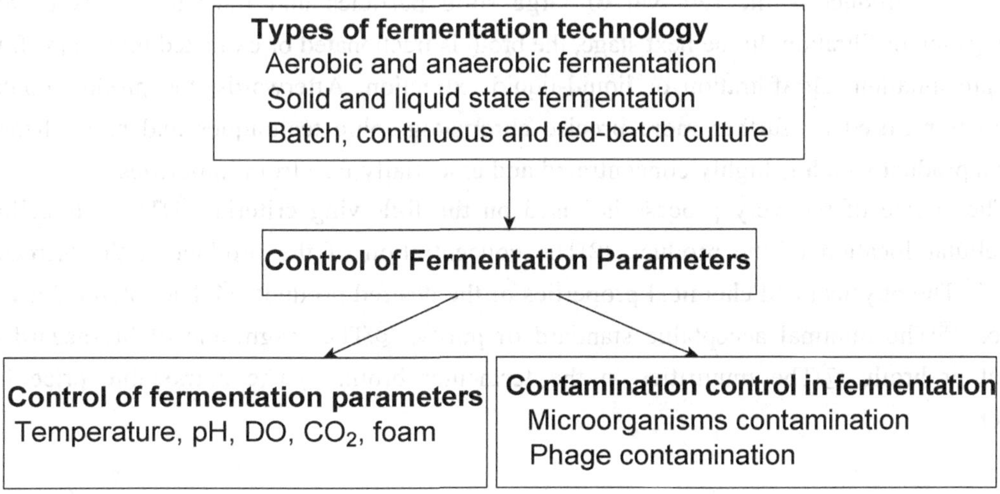

Review Questions

1. State the definitions of batch, continuous and fed batch culture. Show the advantages of fed-batch culture by giving some examples.

2. Please illustrate how to control temperature, pH, DO and foam in fermentation.

3. State the reasons and solutions for bacteria contamination and phage contamination during fermentation.

第六章　下游加工过程

Downstream Processing

Downstream processing refers to the recovery and purification of biosynthetic products from fermentation broth. The extraction and purification of fermentation products may be difficult and costly. The chosen process and its relative cost depend on the specific product. The high (and sometimes dominant) cost of downstream processing will affect the overall objective in some fermentation. If a fermentation broth is analysed at the time of harvesting, it will be discovered that the specific product may be present at a low concentration in an aqueous solution that contains intact micro-organisms, cell fragments, soluble and other insoluble medium components and metabolic products. The product may also be intracellular, heat labile and easily broken down by contaminating micro-organisms. All these factors tend to increase the difficulties of product recovery. To ensure good recovery or purification, speed of operation may be the overriding factor because of the labile nature of a product. Therefore, the processing equipment must be of the correct type and the correct size to ensure that the harvested broth can be processed within a satisfactory time limit.

Stages in downstream processing include removal of insolubles, product isolation, product purification and product polishing. The main objective of the first stage for the recovery of an extracellular product is the removal of large solid particles and microbial cells usually by centrifugation or filtration. In the next stage, the broth is fractionated or extracted into major fractions using precipitation, ultrafiltration or liquid-liquid extraction. Afterwards, the product-containing fraction is purified by further more precise chromatographic techniques and crystallization to obtain a product which is highly concentrated and essentially free from impurities.

The choice of recovery process is based on the following criteria: ①The intracellular or extracellular location of the product. ②The concentration of the product in the fermentation broth. ③The physical and chemical properties of the desired product. ④The intended use of the product. ⑤The minimal acceptable standard of purity. ⑥The magnitude of bio-hazard of the product or broth. ⑦The impurities in the fermenter broth. ⑧The marketable price for the product.

微生物发酵得到的是菌体和发酵液的混合物，若想从中得到需要的发酵产物使其最终成为产品，通常需要经过分离、纯化等操作步骤，这一过程称为发酵生产的下游加工过程。

微生物发酵的下游加工过程是生物工程的重要环节，与成本、产品质量及市场竞争力密切相关。分离纯化技术的落后，会严重阻碍发酵工程技术的发展。目前，人们已经意识到下游加工过程对现代生物技术的重要性，许多新观念和新技术已显示出良好的应用前景。

第一节　下游加工过程概述

Summary of Downstream Processing

一、下游加工特点（Characteristics of downstream processing）

（一）生物特性（Biological properties）

微生物发酵液和产品的性质决定了生物下游技术不同于化学产品的分离技术，具体表现在以下几个方面。

1. 多组分（Multicomponent）

微生物发酵液是复杂的多相体系，成分复杂，黏度大，需经多种单元操作才能达到纯化产品的目的。

2. 易失活（Inactived easily）

发酵产物大多是生物大分子或生物小分子，对热、酸、碱、有机溶剂、酶及机械剪切力敏感。

3. 收率低（Low recovery）

目的产物的低起始浓度及发酵产品的高纯度要求，常需多步操作才能达到目标，导致产品的收率下降，成本昂贵。

4. 不稳定（Instability）

微生物自身的变异性及分批操作的培养方式，导致发酵液中的成分及其浓度不尽相同，要求下游加工技术适应面宽，操作弹性大。

（二）设计原则（Design principles）

下游加工过程的目标是产率高、品质优、成本低。实现这一目标的基本原则是：①快速操作；②低温环境；③条件温和。

发酵产品不同，采用的分离提取工艺也不同，设计依据是：①胞内产物还是胞外产物；②产物和主要杂质的浓度；③产物和主要杂质的性质差异；④产品用途和质量标准。

通常是将高选择性（或分辨率）和高通量（或产率）结合起来，即先用高通量和低分辨率技术（如沉淀、过滤、离心）进行浓缩分离，再用高分辨率低通量的技术（如层析）纯化获得最终产品。

二、下游加工步骤（Procedures of downstream processing）

大多数发酵产品的下游提取过程按顺序可分为以下 4 个步骤。

1. 固液分离（Solid-liquid separation）

采用过滤和离心的方法对发酵液进行固液分离，获得含胞外产物的液体或含胞内产物的菌体。

2. 初步纯化（Primary isolation）

除去与目的产物性质差别较大的杂质，并使产物浓缩。常用的分离方法有沉淀、吸附、萃取、超滤等。

3. 高度纯化（Final purification）

除去与产物性质接近的杂质，通常采用对产品有高度选择性的分离技术，如层析等。

4. 成品加工（Product polishing）

最终获得质量合格的产品，产品形式与其最终用途有关，浓缩、结晶与干燥是此阶段的重要技术。

主要分离过程如 Figure 6-1 所示。

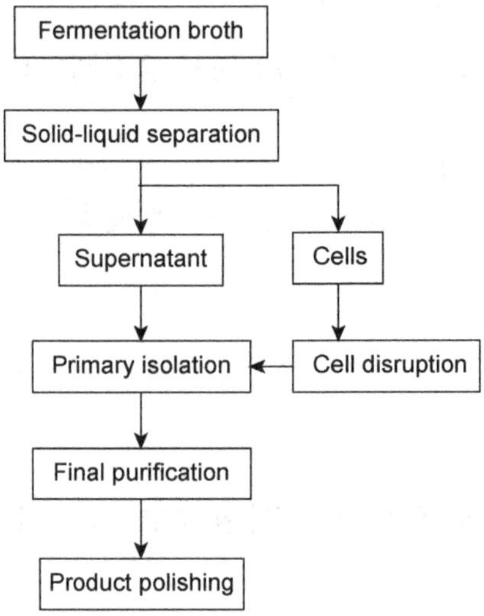

Figure 6-1　Stages in the recovery of product from a harvested fermentation broth

第二节　发酵液的初步分离
Pre-fractionation of Fermentation Broth

通过物理方法（如调节 pH 与温度）或化学方法（如絮凝与凝聚）改变发酵液的物理性质，加快固形物沉降速度，实现固液分离。胞外产物在液相，对于胞内产物，菌体细胞破碎后释放目的产物于液相中，再进行细胞碎片的分离。

一、发酵液预处理（Pretreatment of fermentation broth）

预处理的主要作用：①去除发酵液杂质；②改善发酵液过滤性能。主要方法有以下几种。

（一）凝聚、絮凝与加助滤剂（Condensation, flocculation and addition of filter aid）

1. 凝聚（Condensation）

加入中性盐，使胶体体系不稳定而出现聚集的现象称为凝聚，常用的凝聚电解质有硫酸铝、氯化铝、氯化铁等。凝聚体颗粒较细小。

2. 絮凝（Flocculation）

在絮凝剂作用下，将胶体小颗粒交联成较大絮凝团的过程称为絮凝，常用的有机高分子絮凝剂有海藻酸钠、明胶、几丁质等，常用的无机絮凝剂有聚合铝盐、聚合铁盐等。

3. 加助滤剂（Addition of filter aid）

在含有大量细小胶体粒子的发酵液中，加入能够吸附胶体粒子而不吸附目的产物的硅藻土、活性炭、珍珠岩、纤维素等助滤剂，从而减少过滤阻力。

（二）调节温度与 pH（Adjustment of temperature and pH）

1. 加热（Heating）

在不影响目的产物活性的范围内，升高温度可终止发酵，使蛋白质等胶体物质变性凝固，可有效降低液体黏度，提高过滤效率。

2. 调节 pH（Adjustment of pH）

大多数蛋白质的等电点在酸性范围内（pH4.0～5.5），氨基酸、蛋白质等两性物质在等电点处溶解度最低，调节发酵液 pH 至氨基酸或蛋白质的等电点，即可分离和去除两性物质，也可改变某些物质的电荷性质，使之转入液相，减少膜过滤的阻力和污染。

二、固液分离（Solid-liquid separation）

经过预处理改善的发酵液，可用过滤或离心的方法实现固液分离。

（一）过滤（Filtration）

根据过滤机制不同，过滤分为澄清过滤和滤饼过滤。

1. 澄清过滤（Clarifying filtration）

适合固形物含量较少、颗粒直径较小的悬浮液的澄清，如麦芽汁、酒类和饮料。当悬浮液通过硅藻土、活性炭、烧结陶瓷、烧结金属等填充于过滤器内的过滤介质时，固体颗粒被拦截或吸附在滤层的颗粒上，使滤液得以澄清。

2. 滤饼过滤（Filter cake filtration）

适合于固形物含量较高的悬浮液的过滤。过滤介质为滤布，当固体颗粒被滤布阻拦形成一定厚度的滤饼时，滤饼起主要的过滤作用。但滤饼的加厚，会降低过滤速度，可采用错流过滤（cross-flow filtration），使悬浮液在过滤介质表面做切向流动，将表面的滤饼移走。

按推动力的不同，滤饼过滤又分为常压过滤（atmospheric filtration）、加压过滤（pressure filtration）和真空过滤（vacuum filtration）。常压过滤只适合过滤易分离的物料，如啤酒糖化醪。加压过滤和真空过滤应用广泛，所用设备分别为板框压滤机（plate and frame filter press）、转鼓真空过滤机（drum vacuum filter）等（Figure 6-2）。

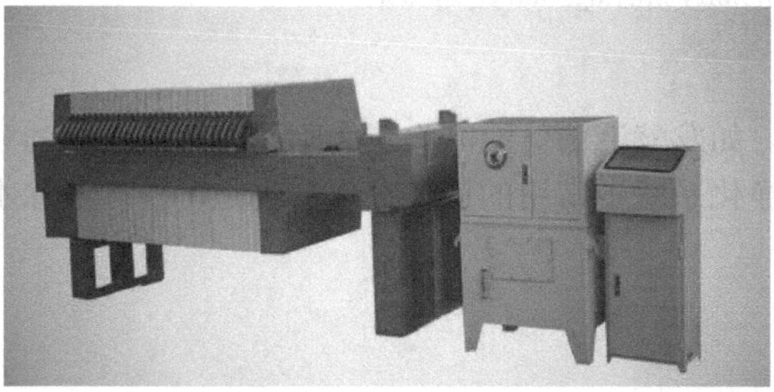

Plate and frame filter press

Drum vacuum filter

Figure 6-2　Common filtration equipments

（二）离心（Centrifugation）

对于两相密度差较小、颗粒粒度较细、过滤慢且不能用助滤剂的非均相体系，可考虑用离心的方法。

1. 特点（Characteristics）

与压滤相比，离心分离具有分离速度快、效率高、适应面广、液相澄清度好等优点，缺点是设备投资及能耗较高，固相干燥程度不如过滤操作。

2. 设备（Equipments）

工业用离心机按结构和分离要求分为过滤离心机、沉降离心机和分离机。

（1）过滤离心机（Filtering centrifuge）

转鼓上开有小孔，有过滤介质，在离心力作用下，液体穿过过滤介质经小孔流出而得以分离，主要用于处理固形物含量较高、颗粒较大的悬浮液。

（2）沉降离心机（Sedimentary centrifuge）

转鼓上无孔，不需过滤介质，在离心力作用下，物料按密度大小不同分层沉降，如工业上常用的倾析式离心机（decanter centrifuge）（Figure 6-3），适用于含固形物较多的发酵液。

（3）分离机（Separator）

仅适用于分离低浓度悬浮液和乳浊液，包括碟式分离机（disc separator）（Figure 6-3）、管式分离机（tube type separator）等。

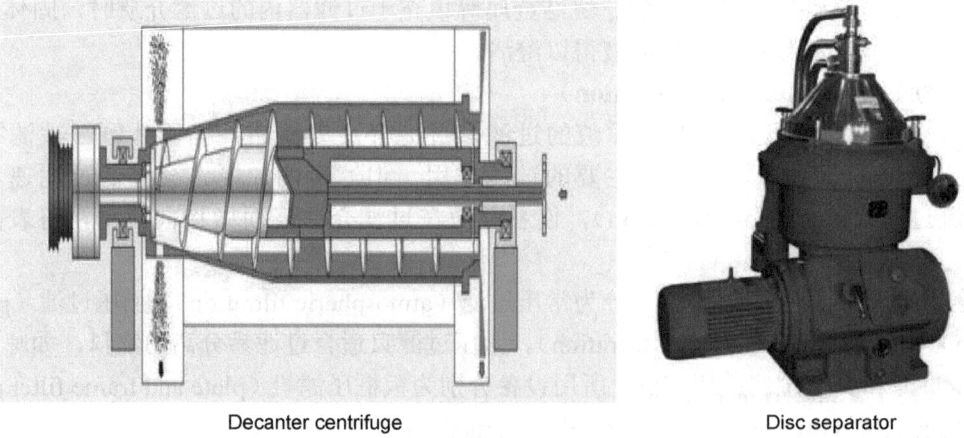

Figure 6-3　Common centrifugation equipments

3. 应用（Applications）

离心机主要用于脱水、澄清和浓缩，如发酵液菌体的回收或去除、谷氨酸结晶的分离、啤酒和果酒的澄清等。发酵工业中空气净化系统中常用的旋风分离器也是一种除油除水的离心沉降设备。

三、细胞破碎（Cell disruption）

胞外产物在采用过滤和离心方法进行固液分离后再进一步纯化，胞内产物必须先将细胞破碎，使胞内物释放到胞外，经固液分离得到澄清液后再纯化。

细胞破碎方法有很多，根据外加作用力的不同，分为机械法和非机械法。

（一）机械法（Mechanical method）

机械法是通过外加作用力使细胞受到机械产生的剪切力而导致细胞破碎的方法。常用的有研磨法、高压匀浆法、超声波法。

1. 研磨法（Grinding）

小规模细胞破碎可采用研钵或高速组织捣碎机；大规模生产常使用高速珠磨机（bead mill），其罐体由不锈钢制成，内装一定数量的钢球或瓷球，当罐体转动时，球体随罐壁转动，上升到一定高度后以抛物线方式往下落，从而对物料产生撞击和研磨作用，使物料高度粉碎。

2. 高压匀浆法（High pressure homogenization）

利用高压使细胞悬液通过环隙高速喷出，撞到静止的碰撞环上，由于突然减压和高速冲击作用使细胞破碎。大规模细胞破碎中，常采用多次循环的操作方法。

3. 超声波法（Ultrasonication）

利用超声波空穴作用产生的强烈冲击波使细胞内液体流动，造成细胞破碎。适合于实验室规模的细胞破碎。

（二）非机械法（Non-mechanical method）

非机械法破碎细胞的方法有酶解法、渗透压法、化学渗透法等。

1. 酶解法（Enzymatic hydrolysis method）

利用酶反应分解细胞壁成分，从而达到破壁的目的。应根据不同菌体细胞壁成分的差异选用不同的融壁酶。酶解法的优点是专一性强，反应条件温和；缺点是费用较高，一般只适合小批量细胞破壁。

2. 渗透压法（Osmotic pressure method）

将细胞放入高渗介质（如蔗糖）中达到平衡后，转入低渗透压的缓冲液或水中，由于渗透压的突然变化，水迅速进入细胞，引起胞壁溶胀甚至破碎，适用于细胞壁较脆弱的细胞。

3. 化学渗透法（Chemical permeation method）

用某些化学试剂溶解细胞壁，使细胞内的物质有选择性地释放出来，且细胞外形保持完整。其缺点是通用性差、效率低，有些试剂对生物活性物质有破坏作用。

Box 6-1　Initial treatment of fermentation broth

Microbial cells and other insoluble materials are normally separated from the harvested broth by filtration or centrifugation. Because of the small size of many microbial cells, it is necessary to consider the use of filter aids to improve filtration rates, while heat and flocculation treatments are employed as techniques for increasing sedimentation rates in centrifugation.

Micro-organisms are protected by extremely tough cell walls. In order to release their intracellular contents, a number of methods for cell disintegration have been developed. Although many techniques are available which are satisfactory at laboratory scale, only a limited number of them have been proved to be suitable for large-scale applications, particularly for intracellular enzyme extraction. Methods available fall into physico-mechanical methods (such as liquid shear, solid shear, freeze-thawing and ultrasonication), chemical methods and enzyme treatment.

第三节　发酵产品的提取与纯化
Extraction and Purification of Fermentation Products

一、蒸馏（Distillation）

1. 原理（Principle）

蒸馏是依据混合物中各组分沸点的不同，将液固、液液混合物分离成较纯或接近于纯态组分的一种古老的分离技术。操作时，加热使低沸点组分蒸发，再冷凝以分离整个组分，所以蒸馏是蒸发和冷凝两种单元操作的联合。

2. 特点（Characteristics）

与其他分离手段相比，蒸馏的优点在于不需使用系统组分以外的其他溶剂，保证不会引入新的杂质。

3. 应用（Applications）

主要用于白酒、乙醇、丙酮、丁醇等发酵产品的提取和精制。

二、沉淀法（Precipitation）

沉淀法是将溶液中的溶质由液相转变为固相而析出的过程，可选择性地沉淀需要的成分，也可以选择性地沉淀不需要的成分，通过固液分离技术（如离心），将沉淀分离出来（Figure 6-4）。

沉淀法广泛用于蛋白质、多糖、氨基酸、抗生素等产品的提取，具有设备简单、成本低、原材料易得等优点，缺点是产品纯度低，需要进一步纯化。

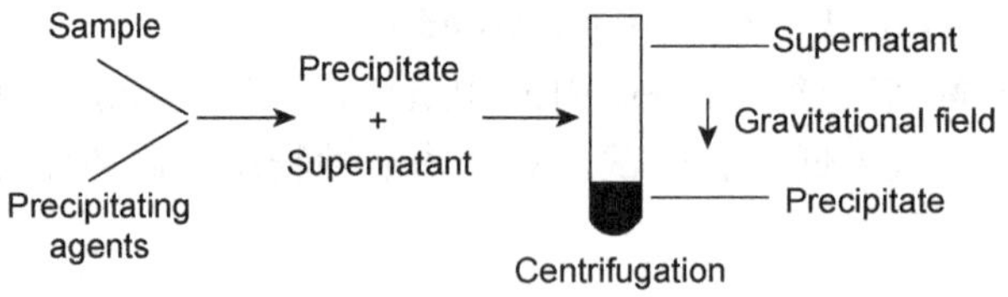

Figure 6-4　Centrifugation process

（一）盐析沉淀法（Salting-out precipitation）

1. 原理（Principle）

决定蛋白质在溶液中稳定的两个因素，一是蛋白质表面带有电荷产生相互排斥，二是蛋白质分子表面的水化膜减少了分子间相互碰撞的机会。

当在蛋白质溶液中加入低浓度中性盐时，增加了蛋白质分子表面的电荷，使蛋白质分子与水分子之间的作用增强，溶解度增大，此现象称为盐溶（salting-in）。

当盐浓度增加到一定程度时，盐离子可破坏蛋白质表面的水化膜，使蛋白质分子相互聚集而沉淀，此现象称为盐析（salting-out）。

盐溶与盐析的相互关系见 Figure 6-5。

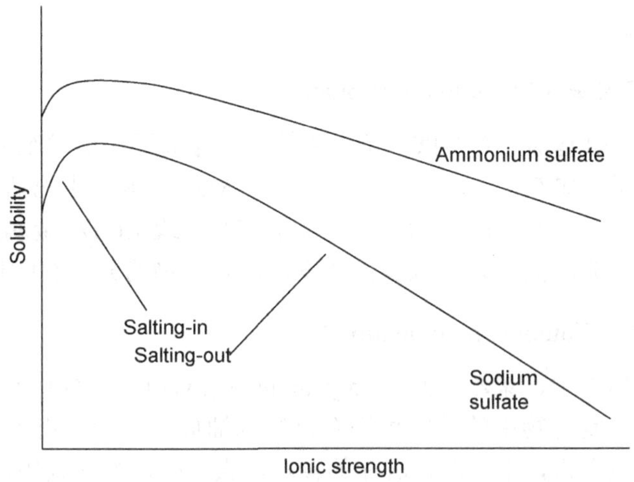

Figure 6-5　Relationship between salting-in and salting-out

2. 沉淀剂（Precipitant）

最普遍的盐析用盐是硫酸铵（ammonium sulphate），因其价格低廉，溶解度大，受温度影响小，而且具有稳定蛋白质（酶）的作用。$(NH_4)_2SO_4$浓度用饱和度（相当于饱和溶解度的百分数）表示，不同蛋白质盐析时要求的盐饱和度不同，可通过测定盐浓度对蛋白质沉淀量的盐析曲线，根据蛋白质回收率和纯度选择并确定盐析范围。

3. 影响因素（Influence factors）

影响盐析沉淀的主要因素除了无机盐的种类和浓度之外，还有蛋白质浓度、温度、pH等。蛋白质浓度高易沉淀，但须适中（0.2%～2%），以避免共沉淀。由于盐溶液对蛋白质有一定的保护作用，因此盐析操作可在室温下进行，pH常选择在被分离蛋白质的等电点附近。操作时须在搅拌下分次缓慢加入研细的固体盐，使盐浓度均匀，蛋白质充分聚集，并防止产生过多泡沫。

（二）有机溶剂沉淀法（Organic solvent precipitation）

1. 原理（Principle）

传统观点认为，根据蛋白质在水中稳定的两个因素（水化膜和电荷），加入亲水性有机溶剂会争夺蛋白质表面的水分子，破坏水化层，使蛋白质分子间更易聚集而沉淀。同时，加入有机溶剂可降低溶液的介电常数，使蛋白质分子间静电引力增大而沉淀。

新观点认为，有机溶剂可能破坏蛋白质中的某种键，使其空间结构发生某种程度的变化，致使蛋白质内部的疏水基团暴露并与有机溶剂结合形成疏水层，使蛋白质沉淀，当蛋白质空间结构发生形变超过一定程度时，会导致蛋白质的完全变性。

2. 沉淀剂（Precipitant）

乙醇是常用的有机溶剂沉淀剂，其沉淀作用强，挥发性适中，容易去除和回收，常用于沉淀蛋白质、核酸、多糖等生物大分子。如果为了获得沉淀而不是分离沉淀，可用溶液体积的倍数，如加入1倍、2倍、3倍原溶液体积的有机溶剂进行沉淀。

3. 影响因素（Influence factors）

由于大多数蛋白质的溶解度随温度降低而下降，且有机溶剂与水混合放出的热量容易使蛋白质或酶变性，因此，有机溶剂沉淀须在低温下进行。选择蛋白质溶解度最低的等电点pH，有利于提高沉淀效果。

（三）金属离子沉淀法（Metal ion precipitation）

某些生化物质（如氨基酸、有机酸、抗生素等）可与金属盐形成难溶性的复合物而沉淀。其机制是某些金属离子，如 Ca^{2+}、Zn^{2+}、Fe^{2+}、Cu^{2+}、Mg^{2+}等能与生物活性分子特殊部位起反应形成沉淀。复合物中金属离子的去除，可用离子交换法或 EDTA 金属螯合剂。此方法可使浓度很低的生化物质沉淀，但容易导致蛋白质变性，复合物的分解有时也较困难。

（四）复合沉淀法（Complex precipitation）

某些复合沉淀剂如单宁、聚乙二醇（polyethylene glycol，PEG）等，可与酶形成溶解度较低的沉淀物而析出。复合物中的单宁可用有机溶剂抽提而去除，也可用碱性溶液处理，使酶溶解出来。PEG 安全无毒，不可燃，沉淀的颗粒较大，产物容易收集，不会使蛋白质变性，但难以从蛋白质溶液中去除。

（五）等电点沉淀法（Isoelectric point precipitation）

两性物质在等电点时溶解度最低，易沉淀析出。调节溶液 pH 到某一物质的等电点可使其从溶液中沉淀析出。由于蛋白质在等电点处尚有水化膜，因此仍有一定的溶解度，沉淀往往不完全，故等电点沉淀法很少单独使用，常与盐析、有机溶剂沉淀等方法联合使用，且常作为去除杂质的手段。

Box 6-2　Precipitation

Precipitation may be conducted at various stages of the product recovery process. It is a particularly useful process, in which it allows enrichment and concentration in one step, thereby reducing the volume of material for further processing.

Typical agents used in precipitation can make targeted compounds insoluble, which include:

1) Acids and bases to change the pH of a solution until the isoelectric point of the compound is reached and pH equals pI, when there is then no overall charge on the molecule and its solubility is decreased.

2) Salts such as ammonium sulphate are often used for recovery and fractionation of proteins. The salt removes water from the surface of the protein revealing hydrophobic patches which come together causing the protein to precipitate. The most hydrophobic proteins will precipitate first, thus allowing fractionation to take place.

3) Organic solvents. Chilled ethanol and acetone can be used in the precipitation of proteins mainly due to changes in the dielectric properties of the solution.

4) Non-ionic polymers such as polyethylene glycol (PEG) can be used in the precipitation of proteins and are similar in behaviour to organic solvents.

三、膜分离（Membrane separation）

借助一定孔径的高分子薄膜，将不同大小、不同性状、不同特性的物质进行分离的技术称为膜分离技术。根据物质颗粒或分子通过薄膜的原理和推动力的不同，膜分离分为以下三大类。

（一）扩散膜分离（Diffusion-membrane separation）

1. 原理（Principle）

利用半透膜两侧溶液的浓度差使小分子从浓度高的一侧扩散到浓度低的一侧，而大分子被截留，膜两侧的溶质浓度差是传输驱动力。溶质流与膜两边的溶质浓度差成正比，与膜厚度成反比（Figure 6-6）。常见的透析（dialysis）即扩散膜分离。

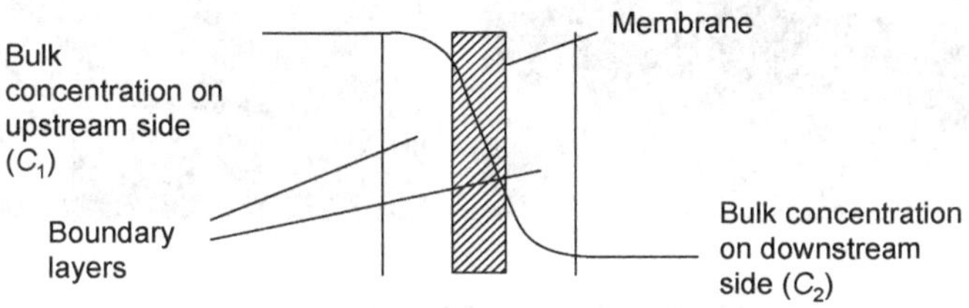

Figure 6-6　Concentration profile in dialysis

由于样品中盐等溶质浓度高，小分子物质从膜的内侧扩散到膜外侧的同时，膜外侧的水向透析袋内迁移，导致透析样品在去除低分子质量的同时，体积增大。

2. 应用（Applications）

可从生物大分子中除去无机盐等小分子物质，常用于实验室规模的蛋白质纯化。

（二）加压膜分离（Pressure-driven separation）

加压膜分离是以膜两边流体静压力差为推动力的膜分离技术。在静压力差的作用下，小于孔径的物质颗粒穿过膜孔，大于孔径的颗粒被截留。根据截留物质颗粒的大小不同，分为微滤、超滤、纳滤和反渗透。

1. 微滤（Microfiltration, MF）

微滤是以微滤膜作为过滤介质的膜分离技术。截留颗粒直径大于 0.1μm，操作压力一般在 0.1MPa 以下。通常以死端模式（dead-end）或错流模式（cross-flow）运行（Figure 6-7）。常用于无菌水制备，热敏性物质的除菌，饮料、酒类的澄清及空气的过滤除菌等。

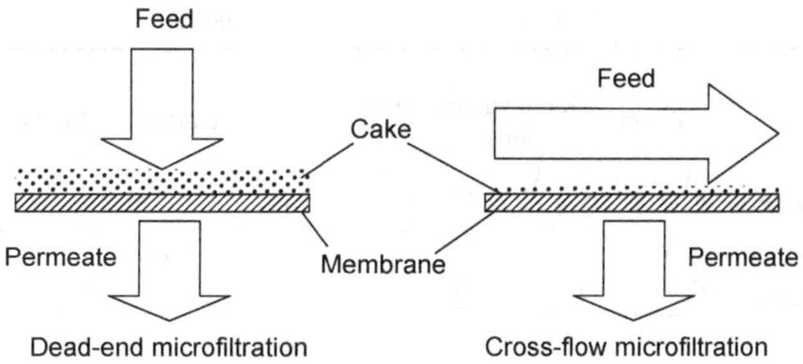

Figure 6-7　Microfiltration

2. 超滤（Ultrafiltration, UF）

借助膜孔为 0.001～0.02μm 的超滤膜，使小分子溶质和溶剂穿过，而截留大分子溶质的过程称为超滤。操作压力通常为 0.1～1.0MPa。常用于从生物大分子（蛋白质、多糖、热源物质等）中除去小分子（如脱盐）、浓缩大分子物质或从样品中除去病毒等。工业超滤设备及超滤膜见 Figure 6-8。

A

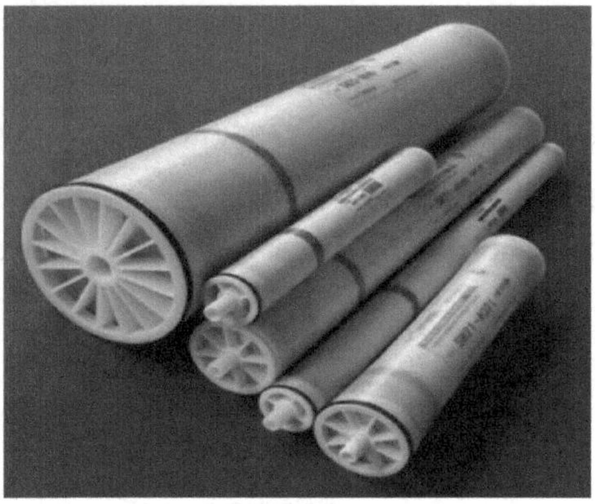

B

Figure 6-8　Ultrafiltration device（A）and industrial membranes（B）

3. 纳滤（Nanofiltration，NA）

纳滤是介于超滤与反渗透之间的一种压力驱动膜分离技术，是超低压（操作压力≤1.50MPa）反渗透技术的延续和发展，孔径为几纳米，因此称为纳滤。可用于海水淡化、超纯水制备等。

4. 反渗透（Reverse osmosis，RO）

在透析膜浓度高的一侧施加大于渗透压的压力，溶剂会逆着自然渗透的方向作反向渗透，反渗透膜孔径小于 10Å，允许水穿过但截留原料液中所有的成分，渗透过程中水从低溶质浓度一侧到高浓度一侧。可用于药物浓缩、纯水制备等。

不同膜的膜孔、截留分子质量、压力见 Table 6-1，截留示意图见 Figure 6-9。

Table 6-1　Pore size, molecular mass and filter pressure of filter membranes

Process	Pore size	Molecular mass	Filter pressure
Microfiltration	>0.1μm	>5000kDa	<0.1MPa
Ultrafiltration	1～20nm	5～5000kDa	0.1～1.0MPa
Nanofiltration	1～10nm	0.1～5kDa	0.5～1.0MPa
Reverse osmosis	<1nm	<100Da	10～80bar

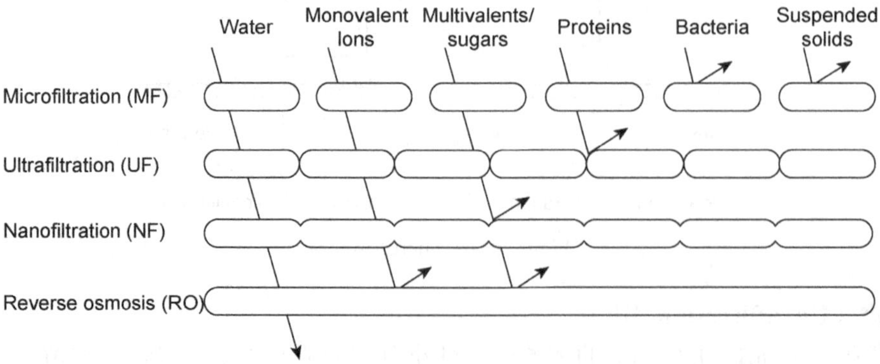

Figure 6-9　Comparison of microfiltration, ultrafiltration, nanofiltration and reverse osmosis

（三）电场膜分离（Electro-membrane separation）

1. 原理（Principle）

在半透膜或离子交换膜两侧分别装上正、负电极，在电场作用下，小分子带电物质或离子向着与本身所带电荷相反的电极移动，大于半透膜孔径的物质被截留在中心室内，离子交换膜的选择透过性比一般半透膜强。阳离子交换膜（cation-exchange membrane，CM）允许阳离子通过而阻挡阴离子。阴离子交换膜（anion-exchange membrane，AM）允许阴离子通过而阻挡阳离子。实际应用时，可由上述相同的多个透析槽连在一起组成电渗析（electrodialysis）系统（Figure 6-10）。

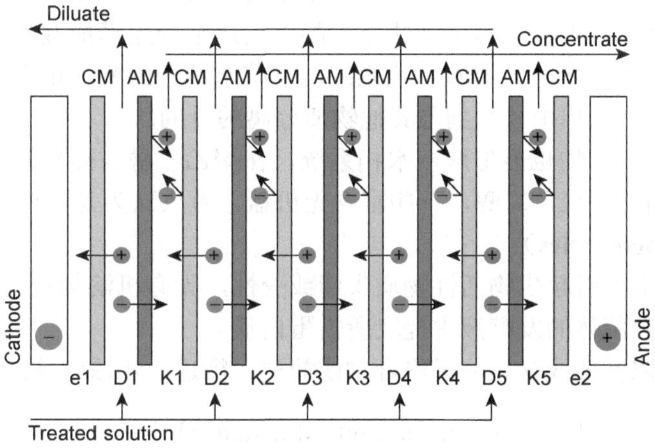

Figure 6-10　Electrodialysis process

2. 应用（Applications）

酶液脱盐、海水淡化以及从发酵液中分离柠檬酸、谷氨酸等带电荷的小分子物质。

Box 6-3　Membrane separation

Membrane separation processes play a very important role in fermentation industry. They uses operate without heating and therefore less energy than conventional thermal separation processes. The widely used membrane processes include microfiltration, ultrafiltration, nanofiltration, reverse osmosis, electrolysis and dialysis, etc. Micro filtration and ultrafiltration are widely used in food and beverage processing (beer microfiltration, apple juice ultrafiltration), biotechnological applications and pharmaceutical industry (antibiotic production, protein purification). Nanofiltration and reverse osmosis membranes are mainly used for water purification purposes. The separation process is purely physical and both fractions (permeate and retentate) can be used.

四、萃取分离（Extraction separation）

萃取是利用溶质在互不相溶的两相之间分配系数的不同而使不同物质得以分离的方法，

即依靠更强大的溶解力把目的物质从第一个液相中抽提到第二个液相中，常用于物质的提取和浓缩，广泛用于抗生素、有机酸、维生素和激素等产物的分离提取。

目前还不能定量地解释溶解的规律，应用较多的仍然是“相似相溶”原理，分子之间的相似包括分子结构（分子的组成、官能团、形态结构）相似、相互作用力（极性和非极性）相似。与水“相似”的物质易溶于水，与油“相似”的物质易溶于油就是“相似相溶”原理的表现。按照两相组成的不同，分有机溶剂萃取、双水相萃取、超临界流体萃取和反胶团萃取等。

（一）双水相萃取（Two-phase aqueous extraction，ATPE）

1. 原理（Principle）

某些亲水性高分子聚合物的水溶液超过一定浓度后可形成两相，如聚乙二醇和葡聚糖以一定的浓度与水混合后，溶液先呈浑浊状态，静置后逐渐分层形成互不相溶的两相，上相富含聚乙二醇，下相富含葡聚糖，即双水相系统，可将水溶性的酶、蛋白质等生物活性物质从一个水相转移到另一个水相中，达到与其他物质分离的目的。

高聚物与小分子化合物也能形成双水相系统，在聚乙二醇与硫酸铵或硫酸镁溶液形成的双水相系统中，上相富含聚乙二醇，下相富含无机盐，有人认为是盐析作用所致。

2. 特点（Characteristics）

1）条件温和，不易引起生物活性物质失活或变性，无有机溶剂残留。

2）可直接从含有菌体的发酵液中提取所需蛋白质。

3）分离后产物浓度低或含高分子聚合物或盐类，需进一步浓缩或纯化。

（二）超临界流体萃取（Supercritical fluid extraction, SFE）

1. 原理（Principle）

超临界流体萃取是一种先进的物理萃取技术，其萃取原理在于：对于某一特定的物质，当温度和压力高于临界温度（T_c）和临界压力（P_c）时，则成为物理特性和传质特性介于气体和液体之间的超临界流体（supercritical fluid, SCF）（Figure 6-11），处于临界点以上的 SCF 同时具有气体和液体的双重特性，黏度与气体接近，密度与液体接近，而扩散系数却比液体大得多，因而具有类似气体的较强的穿透力和类似液体的较强的溶解力，可将物料中的某些成分提取出来。适合于发酵过程产物的分离。

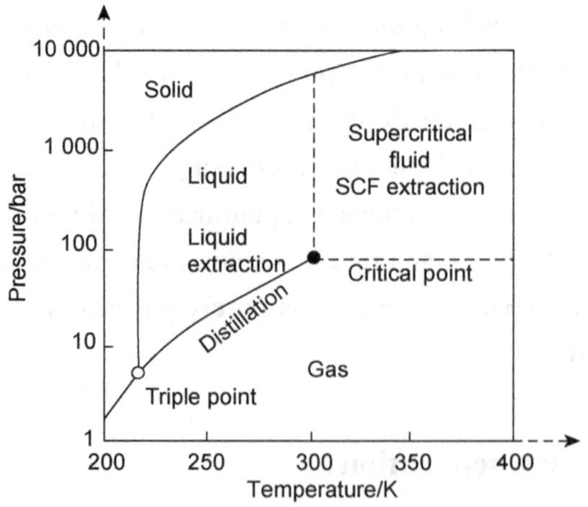

Figure 6-11　Carbon dioxide pressure-temperature phase diagram

2. 常用的萃取剂（Common extractant）

CO_2的临界温度（T_c）和临界压力（P_c）较低，分别为 31.05℃和 7.38MPa，且价格低廉，是最常用的超临界流体萃取剂。

具体分离过程包括萃取和分离两个步骤：将待萃取物料装入萃取釜，密封后通入 CO_2，加压升温至超流体状态，萃取后，通过减压使萃取物从超临界流体中分离出来，达到分离提取的目的，冷凝后 CO_2再返回到萃取釜，循环利用（Figure 6-12）。

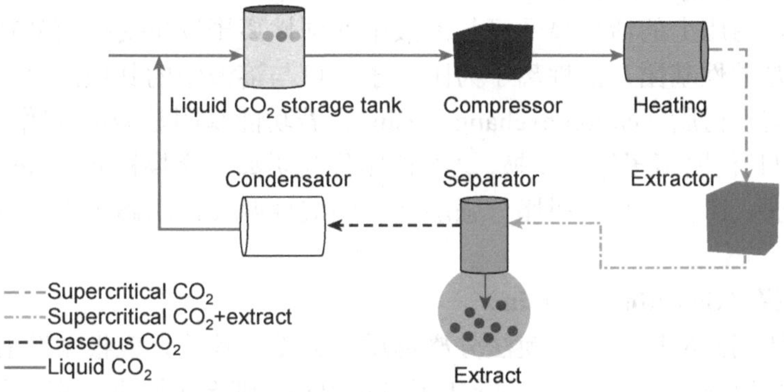

Figure 6-12　Operating principle of supercritical fluid extraction system

3. 特点（Characteristics）

1）传质速度快，尤其适合对固体物质中所需组分的萃取。

2）选择性高，无相变，适合提取热敏性物质。

3）绿色环保，低能耗，无溶剂残留。

4）兼具精馏和液液萃取的特点，操作参数易于控制，溶剂可循环使用。

Box 6-4　Supercritical fluid extraction

Supercritical fluid extraction (SFE) is the process of separating one component (the extractant) from another (the matrix) using supercritical fluids as the extracting solvent. Extraction is usually from a solid matrix, but can also be from liquids. The most commonly used supercritical fluid is supercritical carbon dioxide (SCO_2), because it has a favorable critical temperature and pressure (31.05℃ and 7.38MPa) that enables heat labile materials such as biomolecules to be processed. SCO_2 in particular, has further processing advantages such as low viscosity, low surface tension, high diffusivity, and good density, which play key roles in enabling the solvent to readily penetrate the solid biomass matrix as well as in extracting the solutes. The properties of SCO_2 can be altered by varying the pressure and temperature, allowing selective extraction.

五、离子交换法（Ion exchange method）

利用溶液中溶质离子与离子交换树脂上活性离子交换时结合力大小不同而进行分离的方

法，广泛用于水处理和大、小分子产物如蛋白质、抗生素、氨基酸、有机酸等的提取。

1. 树脂的结构（Structure of resin）

离子交换树脂由 3 部分组成：①骨架（matrix），也称载体，由不溶性惰性高分子聚合物构成。②功能基团（functional group），也称活性基团，以共价键结合于骨架上，不能移动。③活性离子（active ion），也称反粒子，带有与功能基团相反的电荷，以离子键与功能基团连接。

2. 树脂的类型（Types of resin）

在水溶液中，树脂上的活性离子可与溶液中的同性离子发生交换而从功能基团上解离下来。若功能基团是酸性基团，活性离子为阳离子，可与溶液中的其他阳离子发生交换，这类树脂称为阳离子交换树脂（cation exchange resin）。若功能基团是碱性基团，活性离子为阴离子，可与溶液中的其他阴离子发生交换，这类树脂称为阴离子交换树脂（anion exchange resin）。按解离程度的强弱，阳离子交换树脂分强酸性、弱酸性两类，阴离子交换树脂分强碱性、弱碱性两类。

3. 树脂的选择（Selection of resin）

选择合适的树脂是应用离子交换法分离物质的关键。首先，应根据发酵液中欲分离物质的性质选择离子交换树脂，若在其稳定 pH 下带正电荷，则选用阳离子交换剂，带负电荷则选用阴离子交换剂。其次，还要兼顾吸附和解吸难易情况，对于强碱性物质应选用弱酸性树脂，若用强酸性树脂则解吸困难，弱碱性物质宜选用强酸性树脂，用弱酸性树脂不易吸附；反之亦然。对两性物质如蛋白质等，要根据其等电点来选择树脂类型。

4. 操作条件（Operation conditions）

操作时最重要的是溶液的 pH，合适的 pH 应在待分离物质稳定的范围内，并能使待分离物质和树脂离子化。操作中，除了操作前需将树脂预处理成一定的型式，如对于弱酸、弱碱性树脂，应处理成钠（Na^+）型、氯（Cl^-）型之外，还要考虑到发酵液中产物的浓度及其他竞争离子的影响。洗脱条件与吸附条件正相反，若交换环境为碱性，则采用酸性条件洗脱，酸性条件吸附者应在碱性条件下解吸。洗脱剂通常采用缓冲液，将 pH 控制在适宜范围内。

第四节　成 品 加 工

Product Polishing

成品加工是将经过初步分离和精制的目的产物进一步加工成产品的过程。其涉及的主要技术有浓缩、结晶与干燥。

一、浓缩（Concentration）

浓缩是将低浓度溶液中的溶剂除去，使之变为高浓度溶液的过程。其可作为结晶、干燥之前的预处理。浓缩方法有很多，前述沉淀法及膜分离技术均可起到浓缩的作用。蒸发是工业化生产中常用的浓缩方法。

1. 常压蒸发（Atmospheric evaporation）

常压蒸发是加热使溶液沸腾，以除去一部分溶剂而得到浓度较高的溶液，但沸腾常使热敏性物料及生物大分子物质的活性受到破坏，且需能较高。

2. 减压蒸发（Vacuum evaporation）

减压蒸发即真空蒸发，通过抽真空降低液体沸点，真空度越高，液体沸点越低，蒸发越快。与常压蒸发相比，其优点有：①可用温度较低的蒸汽为加热蒸汽；②有利于处理热敏性物料；③温度低，系统的热损失小。

二、结晶（Crystallization）

结晶是溶质以晶态从液相或气相等均相中析出的过程。晶体是许多相同的粒子（原子、离子、分子）做规律排列的物质。结晶是制备纯物质的有效方法，是产品精制的重要手段，主要用于抗生素、氨基酸、有机酸等小分子的纯化。

（一）基本过程（Basic process）

结晶过程包括过饱和溶液的形成、晶核形成和晶体生长 3 个阶段。过饱和溶液的形成是晶体产生的前提条件，但溶液过于饱和时，溶质粒子聚集析出的速度太快，只能获得无定型固体颗粒，如溶液未达到饱和状态，晶体形成速率低于晶体溶解速率，不可能形成结晶。因此，应控制溶质在稍过饱和状态才能形成结晶（Figure 6-13）。

Figure 6-13 的相图分为稳定区（stable zone）、介稳区（metastable zone）和不稳区（labile zone）。稳定区溶液未饱和，不会结晶。介稳区也不会自发产生晶核，但如果已经有晶核，则晶核长大而吸收溶质直至浓度回落到饱和线上。不稳区能自发形成晶核。例如，*a*’点是溶液的原始未饱和状态，*a*’*b* 是冷却结晶线，*a* 点是饱和点，不能结晶，因为缺乏结晶的推动力——过饱和度，当降温使 *a* 点穿过介稳区到达 *b* 点时，自发产生晶核，越深入不稳区，自发产生的晶核越多。*b*’*b* 为恒温蒸发过程。

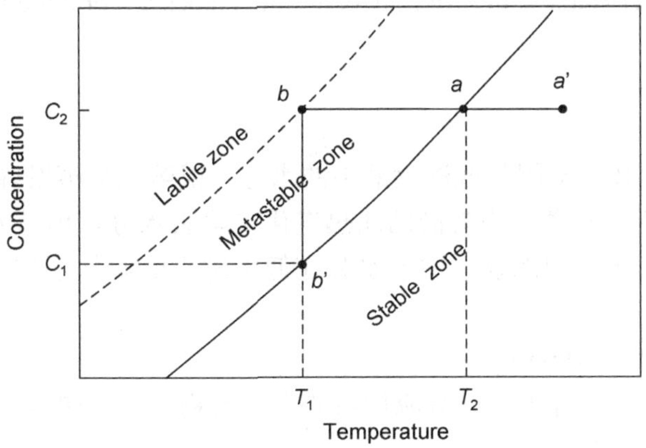

Figure 6-13　Saturation-supersaturation phase diagram

（二）结晶方法（Crystallization methods）

获得晶体的关键是制备合适的过饱和溶液。工业生产中常用的结晶方法主要有以下几种。

1. 冷却结晶（Cooling crystallization）

冷却结晶是将溶液冷却降温达到过饱和而使结晶析出的过程，适用于溶解度随温度下降而显著减小的物质。对于溶解度随温度升高而显著减少的物质，可采用加温结晶的方法。

2. 蒸发结晶（Evaporation crystallization）

蒸发结晶指溶液经减压蒸发达到过饱和而使产物结晶析出的过程，适用于溶解度随温度的上升或下降变化不大的物质。

3. 盐析结晶（Salting-out crystallization）

盐析结晶是在溶液中加入使溶质溶解度降低的物质，形成过饱和溶液使结晶析出。盐析结晶常用于酶制剂和抗生素的精制。

4. 化学反应结晶（Chemical reaction crystallization）

在溶液中加入反应剂或调节 pH，产生新物质并使其浓度超过溶解度而结晶析出。

Box 6-5 Crystallization process

Crystallization process consists of two major events, nucleation and crystal growth. Nucleation is the step where the solute molecules disperse in the solvent and start to gather into clusters. These stable clusters constitute the nuclei. However, when the clusters are not stable, they dissolve. Therefore, the clusters need to reach a critical size in order to become stable nuclei. Such critical size is dictated by the operating conditions (temperature, super-saturation, etc.).

The crystal growth is the subsequent growth of the nuclei that succeed in achieving the critical cluster size. Nucleation and growth continue to occur simultaneously while the super-saturation exists. Super-saturation is the driving force of the crystallization; hence, the rate of nucleation and growth is driven by the existing super-saturation in the solution. Depending upon the conditions, either nucleation or growth may be predominant over the other, and as a result, crystals with different sizes and shapes are obtained.

三、干燥（Drying）

干燥是将潮湿的固体、半固体或浓缩液中的水分（或溶剂）蒸发除去，便于产品的使用、储存与运输。干燥与蒸发一样，均为借助加热汽化来除去水分，但蒸发是液态物料中的水分在沸腾状态下汽化，干燥是固态物料中的水分在低于沸点的条件下进行汽化。常用的干燥方法有以下几种。

1. 气流干燥（Airflow drying）

将加热后的空气通过干燥器，以对流传热的方式向物料传递热量，使物料中的水分汽化，并带走产生的蒸汽的方法。

优点：干燥强度大，干燥时间短。

缺点：系统阻力大，动力消耗大，易磨损物料。

2. 喷雾干燥（Spray drying）

将液态物料在热风中喷雾成细小液滴，下落过程中水分迅速蒸发，产生粉末状或颗粒状产品，是生物制品生产中最常用的干燥方法之一。

优点：蒸发面积大，干燥时间短。

缺点：能耗大，热效率低。

3. 真空干燥（Vacuum drying）

将物料置于抽真空的干燥器内，适当加热以达到物料中水分的沸点，并不断抽出蒸汽使物料干燥的方法。

优点：特别适合于热敏性及高温下易氧化物料的干燥。

缺点：设备投资和动力消耗高于常压热风干燥。

4. 冷冻干燥（Freeze drying）

冷冻干燥也称升华干燥，将被干燥液体冷冻成固体，置于密闭的低温低压真空容器中，适度加热使冰晶升华为气态而除去。

优点：①干燥过程处于低温状态，不会引起生物物质的变性和氧化；②不破坏天然组织和构造，适合于菌种的保藏。

缺点：①设备投资大，运行动力消耗多；②干燥时间较长。

Summary

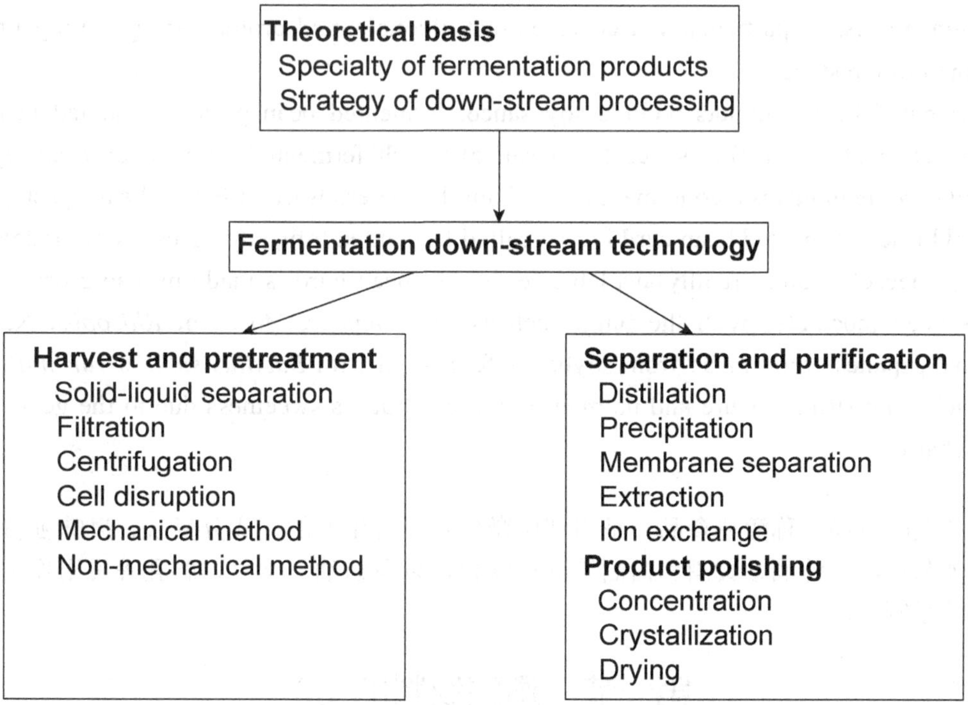

Review Questions

1. Show the importance and main procedures of the downstream processing of fermentation.
2. What are the differences and relationship between upstream process and downstream process?
3. State the principles and the characteristics of every separation method.

第七章　传统发酵食品
Traditional Fermented Foods

Traditional fermented foods generally preserve pleasant flavor, aroma, texture, enhanced nutritional value and quality. They utilize various microorganisms, which are either present in the natural environment or added intentionally to obtain desirable end products.

Alcoholic beverages, including wine, beer, Chinese liquor and yellow rice wine, are fermented with starch or sugar materials, such as grape, barley, wheat or rice. Red and white wines produced by *Saccharomyces cerevisiae* is are directly converted from sugars, while the other alcoholic beverages involve saccharification process of starch. Saccharification is done by these enzymes in different raw materials, such as malt for beer, great koji, mini koji or bran koji for Chinese liquor, and wheat koji for yellow rice wine. In preparation of Chinese liquor, a distillation process is particularly used to extract alcohol，and aromas are generally produced during maturation stage.

Fermented bean products include soy sauce, fermented bean paste, fermented bean curd, natto, douchi and so on. Soy sauce (soya sauce) which fermented with *Aspergillus oryzae* or *Aspergillus sojae* molds is a condiment made from the materials of boiled soybeans paste, roasted grain and brine. Fermented bean curd is also called fermented tofu, soy cheese, sufu or sometimes "Chinese cheese". Commercially available fermented bean curd is made by using dry firm tofu that has been inoculated with the fungi such as *Actinomucor*, *Mucor* or *Rhizopus*. Natto is a traditional Japanese food made from soybeans fermented with *Bacillus subtilis var. natto*. Natto has a sticky and string texture and its main flavor attribute is sweetness due to the generation of polysaccharide.

传统发酵食品又称酿造食品，是指利用微生物发酵生产的，成分复杂、风味独特的发酵食品，如葡萄酒、啤酒、黄酒和白酒等酒精饮料，以及酱油、纳豆、腐乳等常用作佐餐调味品的发酵豆制品。

第一节　酒精饮料的生产
Production of Alcoholic Beverages

酒精饮料是指乙醇含量在 0.5%（*V*/*V*）以上的饮料，包括各种酿造酒（如啤酒、葡萄酒和黄酒）、蒸馏酒（如白兰地、威士忌、朗姆酒和中国的白酒）和配制酒（如味美思、比特酒和药酒等）。

一、葡萄酒（Wine）

葡萄酒是以葡萄汁为原料，由酵母发酵生成的酒精度大于或等于 7%（*V*/*V*）的酿造酒。其涉及的主要生化机制是：酵母菌在厌氧条件下对糖进行部分转化，生成乙醇和某些芳香物质。

（一）葡萄酒的分类（Types of wine）

按葡萄酒中二氧化碳含量（以压力表示）和加工工艺将葡萄酒分为：平静葡萄酒、起泡葡萄酒和特种葡萄酒。

1. 平静葡萄酒（Still wine）

20℃时，CO_2压力<0.05MPa。按酒中的含糖量可将平静葡萄酒分为以下几类。

干葡萄酒（dry wine）：含糖量≤4.0g/L。

半干葡萄酒（semi-dry wine）：含糖量为4.0～12.0g/L。

半甜葡萄酒（semi-sweet wine）：含糖量为12.0～45.0g/L。

甜葡萄酒（sweet wine）：含糖量≥45.0g/L。

2. 起泡葡萄酒（Sparkling wine）

20℃时，CO_2压力≥0.05MPa，如香槟酒。

3. 特种葡萄酒（Special wine）

特种葡萄酒指采摘或酿造工艺中使用特定方法酿制而成的葡萄酒，包括利口葡萄酒（liqueur wine）、葡萄汽酒（carbonated wine）、冰葡萄酒（ice wine）、贵腐葡萄酒（noble rot wine）、产膜葡萄酒（flor or film wine）、加香葡萄酒（flavoured wine）、低醇葡萄酒（low alcohol wine）、无醇葡萄酒（non-alcohol wine）、山葡萄酒（*Vitis amurensis* wine）。根据色泽分为：白葡萄酒（white wine）、红葡萄酒（red wine）、桃红葡萄酒（rose wine）。所有葡萄酒中均不得添加合成着色剂、甜味剂、香精和增稠剂。

（二）葡萄（Grape）

1. 葡萄的成分（Grape composition）

葡萄的品种及栽培的土壤、气候、收获时间等均可影响葡萄的化学成分。果肉和果汁主要包括：水分、还原糖、有机酸、含氮物、矿物质、酚类物质等。多酚类物质影响葡萄酒的颜色、香气、抗氧能力及葡萄酒的稳定性。

2. 葡萄的品种（Grape varieties）

葡萄的品种和成熟度影响葡萄酒的质量。葡萄浆果中的糖-酸平衡关系、多酚和芳香物质决定了葡萄品种适合酿造的葡萄酒类型。生长在温度较高地区的葡萄易得到优质、结构良好的葡萄酒，生长在温度较低地区的葡萄易得到新鲜、清爽、酸度较高的葡萄酒。常用的葡萄品种见Table 7-1。葡萄采收时的成熟度通常以葡萄汁中的糖（S）/酸（A）比［即成熟系数（*M*）］表示。

Table 7-1　Grape types used for wine fermentation

Wine types	Grape varieties	Chinese name
Red wine	Blue French	法国蓝
	Carignane	佳丽酿
	Muscat Hamburg	玫瑰香
	Cabernet	赤霞珠
	Cabernet Gernischet	蛇龙珠
	Sauvignon	黑品乐

Continued

Wine types	Grape varieties	Chinese name
White wine	Italian Riesling	贵人香
	Gray Riesling	雷司令
	White Riesling	白雷司令
	Pinot Gris	李将军
	Sauvignon Blanc	长相思
	Muller Thurgau	米勒
	Blue French	法国蓝
	Carignane	佳丽酿
Rose wine	Muscat Hamburg	玫瑰香
	Mataro	玛大罗
	Aramon	拉蒙

（三）菌种（Strains）

酿造葡萄酒时，可以利用葡萄皮表面的酵母或人工选育的酵母，两者在发酵性能方面是有区别的（Table 7-2）。生产中常用的菌种为酿酒酵母（*Saccharomyces cerevisiae*），通常以该菌种的活性干酵母（active dry yeast）形式接种。

Table 7-2 Starter cultures vs natural sources for wine making

Starter cultures	Natural sources
Cleaner flavor	More complex flavor
Greater consistency	Unique qualities
Faster	Slower
Low frequency of stuck fermentations	Greater frequency of stuck fermentations
Can customize strains	Cannot customize
Immune to killer yeasts	May be sensitive to killer yeasts

（四）发酵工艺（Fermentation technology）

1. 白葡萄酒（White wine）

（1）葡萄汁的制备（Must preparation）

原料葡萄经除梗破碎（crushing）、压榨（pressing）、澄清（clarification）得葡萄汁，立即加入 SO_2，目的是控制杂菌生长，防止氧化和褐变反应，添加方式有 6%亚硫酸水溶液、SO_2 气体和固体焦亚硫酸钾（又称偏重亚硫酸钾，$K_2S_2O_5$）。

（2）果胶酶处理（Treatment with pectinase）

有利于葡萄出汁，加速悬浮物沉淀。

（3）葡萄汁的改良（Must modification）

当原料葡萄成分含量不能满足酿造酒的要求时，常需提高原料的含糖量（即潜在酒度）

或调整含酸量。

1）加糖：若葡萄的甜度不够，常在发酵开始时一次性加入纯度>99%的结晶白砂糖于葡萄汁中，理论上，添加 17g/L 蔗糖可使酒度提高 1%（*V*/*V*），具体添加量的计算见下例。

利用潜在酒度为 9.5%（*V*/*V*）的 5000L 葡萄汁生产酒度为 12%（*V*/*V*）的葡萄酒，其蔗糖添加量为（12%–9.5%）×17×5000=212.5（kg）。

2）调酸：若葡萄汁的酸度不够（pH 高于 3.0），可添加未成熟的青葡萄汁或酒石酸；若 pH 过低，可加入碳酸钙中和或通过苹果酸-乳酸发酵进行生物降酸。

（4）发酵（Fermentation）

分主发酵和后发酵两个阶段。主发酵控制温度为 16～22℃，伴随的物理现象有 CO_2 气体释放，温度升高，密度降低，风味变化。发酵 15d 左右，残糖降至 5g/L 以下。后发酵控温在 15℃以下，发酵约 30d，残糖降至 2g/L 以下。后发酵的目的是使残糖继续发酵并澄清和陈酿酒液。

（5）苹果酸-乳酸发酵（Malolactic fermentation）

有些葡萄酒通过诱导或加入乳酸菌引发苹果酸-乳酸发酵，具有降酸、提高微生物稳定性、改善葡萄酒的香气和风味的作用。

（6）陈酿（Aging）

采用低温（–7～–4℃）和下胶处理的方法促进酒质的稳定和成熟，并使离子、胶体和感官达到平衡状态。下胶是在葡萄酒中加入亲水胶体（如鱼胶、蛋清、干酪素、皂土、明胶、膨润土等），使之与葡萄酒中的胶体物质、丹宁、蛋白质、金属复合物、色素和果胶质等发生絮凝反应而除去，使酒液澄清且稳定。

橡木桶贮存的目的：便于葡萄酒自然澄清和去除 CO_2 气体；软化丹宁，降低酒的涩味；使酒的色素稳定并呈现特殊香气。

（7）澄清和调配（Fining and blending）

贮酒结束后进行离心或过滤（硅藻土过滤和膜过滤），并在原酒内加入浓缩葡萄汁或白糖、柠檬酸、原白兰地或食用乙醇等，以达到葡萄酒的质量标准。

（8）包装、杀菌和瓶贮（Packaging，sterilization and bottling）

葡萄酒常采用瓶装，一般酒精度低于 16%的葡萄酒，装瓶后均应杀菌，可采用 65～68℃ 30min 的巴氏杀菌法。瓶中陈酿至少 4 个月。

2. 红葡萄酒（Red wine）

葡萄破碎后带皮籽浸渍（maceration）发酵，目的是浸出果皮中的色素、单宁和芳香物质。主发酵温度为 25～30℃，发酵 4～6d，残糖降至 5g/L 以下；后发酵控温为 18～25℃，补加二氧化硫，发酵约 1 个月。发酵中除了出现与白葡萄酒相同的物理现象外，还伴随有“皮渣帽”和颜色变浓的现象。有些葡萄酒通过诱导或加入乳酸菌可引发苹果酸-乳酸发酵，使葡萄酒口味变柔和。

3. 红葡萄酒和白葡萄酒生产工艺的区别（Differences in manufacturing technology between red wine and white wine）

1）不同点：红葡萄酒采用果汁和皮渣共同发酵或纯汁发酵（热浸提法），先发酵后压榨，发酵温度高，以利于色素和香味成分的浸提。白葡萄酒采用纯汁发酵，先压榨后发酵，发酵温度低，抗氧化要求比红葡萄酒严格。

2）相同点：红、白葡萄酒生产的共性包括葡萄汁制备、发酵、压榨、澄清、陈酿、装瓶。两者的生产工艺流程见 Figure 7-1。

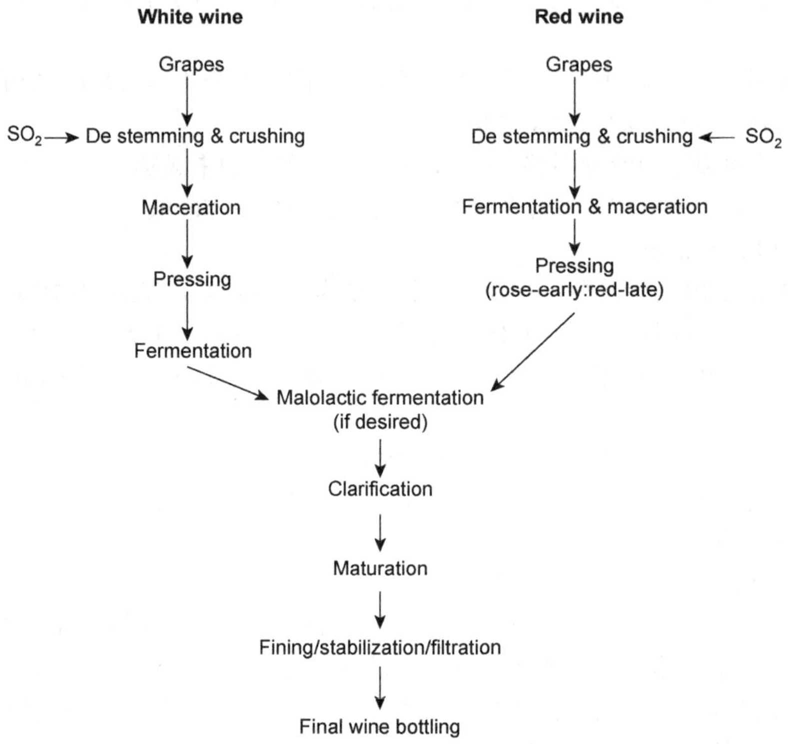

Figure 7-1　The main stages in white wine and red wine making

Box 7-1　Wine fermentation

Wine fermentation involves alcoholic generation from yeast and grapes and several types of organic acid fermentation. Pre-fermentation includes the following process: grape sorting, destemming, crushing, maceration, juice removal, and pressing, as well as clarification and standardization (sugar and acid contents, enzyme addition, decoloration, blending, sulfating). The main difference between the manufacture of red wines and white wines is that the grapes for red wines are fermented in the presence of skins and seeds, whereas for white wines, these materials are removed after crushing.

Post-fermentation begins almost immediately after fermentation. The treatments involve some necessary adjustments to the physicochemical composition of wines and various forms of clarification and stabilization (including oxidation control). Before and after bottling, further spontaneous chemical changes can occur (aging). These changes may occur in wood containers, which affect the organoleptic properties of wines.

4. 香槟（Champagne）

香槟是一种含二氧化碳的优质白葡萄酒。葡萄原料的含酸量相对较高，由自流汁发酵、澄清得基础白葡萄酒，再经调香、加糖后，接入香槟酵母，装瓶发酵或罐中再发酵（包括瓶口倒放、摇瓶、去塞和封装过程），除酵母沉淀后装新瓶即得香槟酒，乙醇含量一般为10%～12%（*V*/*V*）。我国多采用优质白葡萄酒直接充入二氧化碳的方法制得香槟酒。

5. 白兰地（Brandy）

白兰地是以水果为原料，经发酵、蒸馏、陈酿而成。按原料来源不同，分为水果白兰地和葡萄白兰地（又称白兰地）。白兰地多选白色葡萄品种，且不具异香，采用自流汁发酵，与白葡萄酒生产工艺类似，但禁止使用SO_2。

白兰地的蒸馏方式有壶式蒸馏和塔式蒸馏，常用的夏朗德壶式蒸馏法是两次蒸馏后掐去酒头和酒尾，取中馏分得原白兰地，乙醇含量为60%～70%。经分次稀释可将酒度降至42%～43%（*V*/*V*），加入糖浆和糖色进行调配，贮存陈酿。

二、啤酒（Beer）

啤酒是以麦芽、水和啤酒花为原料，在酵母菌的作用下，经过制麦芽、糖化、发酵等工序制成的富含营养物质和二氧化碳的低酒精度酿造酒。其主要生化机制是酿酒酵母在厌氧条件下，对糖进行部分转化生成乙醇和某些芳香物质。

（一）啤酒的分类（Types of beer）

1. 按色泽分类（Classification based on colour）

啤酒的色度通常采用EBC（European Brewery Convention）或ASBC（American Society of Brewing Chemists）单位，EBC色标为2～27（1EBC=69ASBC）。根据EBC将啤酒分为：①淡色啤酒（pale beer）（2～14EBC）；②浓色啤酒（brown beer）（15～40EBC）；③黑色啤酒（stout beer）（≥41EBC）。

2. 按麦汁浓度分类（Classification based on wort concentration）

原麦汁浓度是指进发酵罐时麦汁的浓度，常用原麦汁浓度的国际通用单位——柏拉图度（plato）表示（符号°P），即100g麦芽汁中含有浸出物的浓度。按照麦汁浓度分为：①低浓度啤酒（low sugar beer）（2.5～9°P，乙醇含量0.8%～2.5%）；②中浓度啤酒（light beer）（11～14°P，乙醇含量3.2%～4.2%）；③高浓度啤酒（strong beer）（14～20°P，乙醇含量4.2%～5.5%）。

3. 按灭菌方式分类（Classification based on sterilization method）

按灭菌方式将啤酒分为：①鲜啤酒（fresh beer）（未灭菌）；②熟啤酒（pasteurized beer）（巴氏灭菌）；③生啤酒（draft beer）（微滤除菌）。

（二）菌种（Strains）

酿酒酵母分为以下两大类。

1. 上面酵母（Top yeast）

上面酵母又称酿酒酵母（*Saccharomyces cerevisiae*），发酵时悬浮在发酵液表面，发酵结束时形成泡盖，经长时间放置很少下沉，用于生产艾尔啤酒（Ales beer）。

2. 下面酵母（Bottom yeast）

下面酵母又称卡尔酵母（*Saccharomyces carlsbergensis*），发酵时悬浮于发酵液中，发酵结束后迅速凝聚在罐底，用于生产拉格啤酒（Lager beer）。我国生产的啤酒几乎都是下面发酵啤酒。

（三）生产原料（Raw materials）

啤酒酿造需要水、麦芽、啤酒花和酵母。啤酒的香味来源于酒花香、麦芽香和发酵过程中形成的各种酯类。

1. 大麦（Barley）

常用六棱大麦和二棱大麦。利用发芽的大麦芽（malt）制成麦芽汁（wort）供酵母发酵。

2. 啤酒花（Hops）

啤酒花又称蛇麻花，用于啤酒酿造的为成熟雌花。酒花成分有酒花树脂、酒花油、多酚物质等。酒花树脂是啤酒苦味的主要来源，包括 α-酸、β-酸等成分。由于啤酒苦味主要来自 α-酸，因此国际上根据 α-酸含量确定酒花添加量。

常用的酒花制品有：酒花粉、酒花颗粒、酒花浸膏和酒花油等。

啤酒花的作用：赋予啤酒特有的香气和清爽的苦味，防腐，澄清麦汁，增加泡持性和泡沫稳定性，赋予啤酒醇厚的酒体。

3. 辅料（Adjuncts）

多数用大米，少数用玉米、糖类、糖浆或酶制剂。添加目的：降低成本，提高啤酒质量，提高产量。

（四）发酵工艺（Fermentation technology）

大麦发芽为大麦芽，再制成麦芽汁，经酵母发酵生成乙醇、CO_2 和香味物质，再经后发酵促进双乙酰还原和 CO_2 饱和，最终经过滤、包装和杀菌即得啤酒。

1. 制麦芽（Malting）

（1）目的（Purpose）

大麦发芽过程中产生丰富的淀粉酶、蛋白酶和其他酶类，通过酶促反应使淀粉和蛋白质适度分解，为麦汁提供部分有效浸出成分，产生干麦芽特有的色、香、味，并赋予啤酒特有的风味。

（2）过程（Process）

包括浸麦（steeping）、发芽（germination）和干燥（drying）。制麦芽的关键是发芽和焙焦。大麦经冷水（10～20℃）浸麦 2～3d 后，移入低温、通风和保湿的发芽箱中，当麦芽长至麦粒长度的 1/3 时，停止发芽，此时酶已大量生成。为稳定和保存酶活，采用先低温、后升温的方法，在 45～60℃将绿麦芽干燥。当湿度降至 15%～18%时，80℃焙焦干燥至湿度为 3%。焙焦过程发生非酶褐变并产生大量风味物质。

2. 糖化（Mashing）

糖化是利用麦芽中所含的各种水解酶将麦芽和辅料中的淀粉、蛋白质等大分子物质分解成可溶性小分子物质的过程，包括原辅料粉碎、加热糖化、过滤、麦汁煮沸、添加酒花、澄清及麦汁冷却。糖化方法包括煮出糖化法和浸出糖化法。

（1）煮出糖化法（Decoction saccharification）

将部分糖化醪液分批加热至沸，再与未煮沸的醪液合并，分阶段达到不同酶作用所要求的温度，最后达到糖化终止温度 76～78℃。常用两次煮沸醪液的二次煮出糖化法。

（2）浸出糖化法（Infusion saccharification）

采用步进式升温，即将醪液加热到一定温度，保温一段时间，再升温和保温一段时间，最后加热至糖化终止温度。包括浸渍阶段（35～40℃）、蛋白质分解阶段（45～55℃）、糖化阶段（62～70℃）和糊精化阶段（75～78℃）。糖化结束后，立即过滤。将澄清的麦汁煮沸并添加酒花，去除热凝固物及酒花糟后，再冷却除去冷凝固物，通氧得酵母发酵用麦芽汁。

3. 主发酵（Main fermentation）

传统的啤酒发酵是12%麦汁开放式发酵，在冷却（6～8℃）充氧的麦芽汁中接种酵母，分低温发酵（9～10℃）和高温发酵（13℃以上）两种工艺。厌氧条件下，酵母经过糖、氨基酸和有机酸代谢，生成乙醇和 CO_2。主发酵经酵母繁殖期、起泡期、高泡期、落泡期和泡盖形成期，约 7d 结束发酵，此时液面呈静止状，得到新酒或嫩啤酒。然后降温至 5～6℃，使大部分酵母凝聚沉淀，排放酵母，继续降温至−1～0℃，送贮酒罐进行后发酵。

4. 后发酵（Post-fermentation）

后发酵又称啤酒后熟，包括下酒、封缸升压和贮酒 3 个阶段。下酒后先无压发酵 2～3d，啤酒中的劣味挥发物质（如双乙酰、乙醛、硫化氢等）可通过 CO_2 挥发而排除，以减少啤酒的生青味；当生成的泡沫回缩（外观发酵度达 70%以上）后封罐，逐步升压至 0.08MPa 左右进行加压发酵，低温（−1～0℃）贮酒 7～14d，以利于酒液澄清和二氧化碳饱和。

后发酵决定产品的外观、风味和稳定性，其主要作用有：继续完成残糖发酵，促进酒液澄清和二氧化碳饱和，促进啤酒的成熟。

5. 过滤（Filtration）

啤酒发酵结束后，经硅藻土过滤、纸板过滤或微孔薄膜过滤，除去少量酵母、蛋白质等大分子物质，使啤酒澄清，以改善啤酒的生物和非生物稳定性。

6. 包装和杀菌（Packaging and pasteurization）

啤酒罐装包括容器洗涤和罐装，熟啤酒采用巴氏灭菌 (60～62℃，30min)，纯生啤酒采用微孔滤膜过滤除菌后罐装。

啤酒的生产工艺流程见 Figure 7-2。

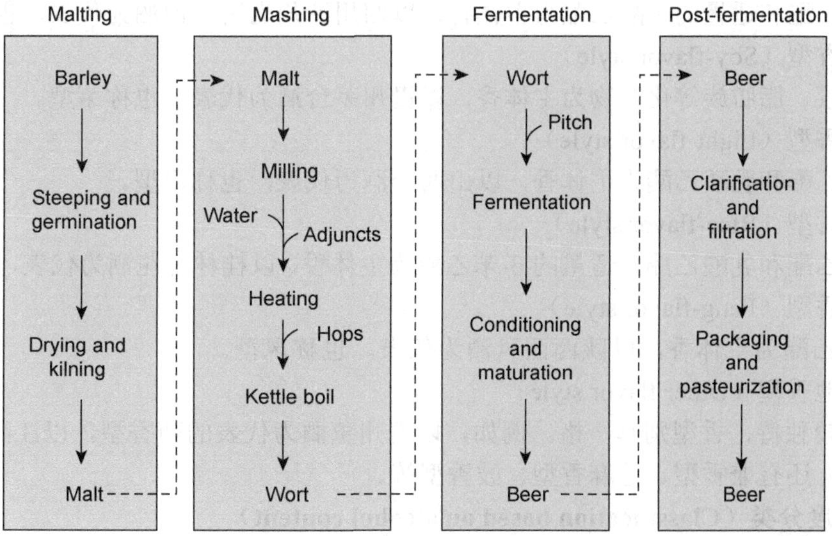

Figure 7-2　Beer brewing process

Box 7-2 Beer brewing

Beer is the world's most widely consumed alcoholic drink. Brewing is a large but not exclusive biochemical/enzymatic process. The process involves plant science, microbiology, chemistry, process control and flavor assessment. The necessary raw materials are malt, hops, yeast and water. Moreover, adjuncts are also added, such as starch-containing materials of corn, rice flakes, grits or syrups. The beer manufacture process consists of four distinct stages: ①malting, in which barley is converted to malt that supplies the enzymes and the enzyme substrates; ②mashing, in which enzyme and substrate extraction and reactions occur and a suitable growth medium is prepared; ③fermentation, in which wort sugars are fermented by yeast *Saccharomyces* in the absence of oxygen, with the production of alcohol and carbon dioxide; ④post-fermentation, in which the beer stability and aroma are enhanced.

三、白酒（Chinese liquor）

白酒是用谷物、薯类等为原料，经糖化、蒸馏、陈酿和勾兑制成的酒精度大于 20%的一种蒸馏酒（distilled liquors），与国外的白兰地（Brandy）、威士忌（Whisky）、伏特加（Vodka）、朗姆酒（Rum）和金酒（Gin）并列为世界六大蒸馏酒。

（一）白酒的分类（Types of liquor）

1. 按糖化剂分类（Classification based on saccharifying agent）

分大曲白酒、小曲白酒和麸曲白酒。

2. 按香型分类（Classification based on flavor style）

（1）浓香型（Dense-flavor style）

以已酸乙酯和适量的丁酸乙酯为主体香，以四川泸州老窖大曲酒为代表，也称泸型。

（2）酱香型（Soy-flavor style）

以芳香族、脂肪族等化合物为主体香，以贵州茅台酒为代表，也称茅型。

（3）清香型（Light-flavor style）

以乙酸乙酯和乳酸乙酯为主体香，以山西汾酒为代表，也称汾型。

（4）米香型（Rice-flavor style）

以乙酸乙酯和乳酸乙酯及适量的 β-苯乙醇为主体香，以桂林三花酒为代表，也称蜜香型。

（5）凤香型（Feng-flavor style）

以乙酸乙酯为主体香，以陕西西凤酒为代表，也称凤型。

（6）其他香型（Other flavor style）

工艺比较独特，香型别具一格。例如，以贵州董酒为代表的药香型，以江西四特酒为代表的特型酒，还有兼香型、芝麻香型、豉香型等。

3. 按酒度分类（Classification based on alcohol content）

按酒度分为高度白酒（41°～65°）和低度白酒（40°以下）。

（二）菌种（Strains）

我国名优白酒多数是以大曲为糖化发酵剂，经固态发酵制成的大曲白酒。

1. 大曲（Great koji）

以小麦（或大麦）和豌豆等为原料，经破碎、加水拌料后，压成砖块状的曲坯，让自然界各种微生物自然接种、培养并风干而成（Figure 7-3）。

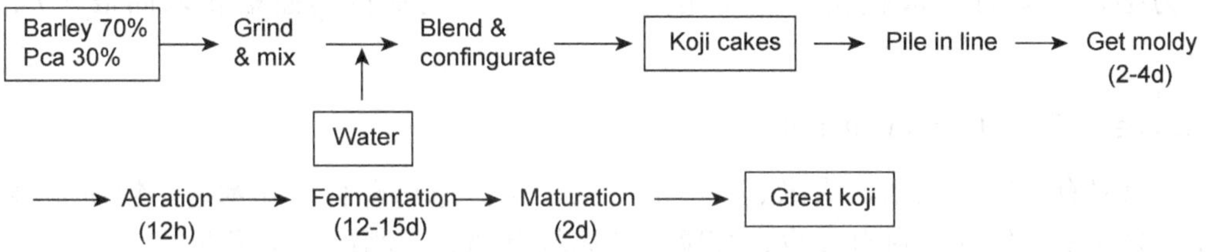

Figure 7-3　Typical flowchart of Chinese great koji preparation

大曲中的淀粉酶、蛋白酶、氧化还原酶、纤维素酶等赋予了大曲的液化力、糖化力、蛋白质分解力、发酵力和产酯力。大曲可用于酱油（soy sauce）、酱（soy paste）、日本清酒（sake）和米酒（rice wine）等东方传统发酵食品的生产。

（1）大曲的分类（Types of great koji）

根据制曲过程中曲坯最高温度的不同，分为：①高温大曲（60℃以上，酱香型白酒用）；②偏高温大曲（50～60℃，浓香型白酒用）；③中温大曲（50℃以下，清香型白酒用）。

（2）大曲中的微生物（Microorganisms in great koji）

1）霉菌：包括曲霉（*Aspergillus*）、根霉（*Rhizopus*）、毛霉（*Mucor*）、犁头霉（*Absidia*）、青霉（*Penicillium*）等。

2）酵母菌：有产酒精酵母和产酯酵母等。

3）细菌：有醋酸菌（acetic acid bacteria）、乳酸菌（lactic acid bacteria）、芽孢杆菌（*Bacillus*）等。

Box 7-3　Great koji

Koji has been used in oriental food preparation for thousands of years, produced with soybeans or grain materials by microbiological and spontaneous biochemical reactions in solid state. Koji is made in “koji house”, where koji cakes are piled in line. Temperature is controlled by adjusting the spacing among the cakes and opening or closing windows. Great koji is a specific microbial community, including fungi, yeasts and bacteria. The fungal enzymes degrade the starch into fermentable sugars, which are used as substrates for alcoholic fermentation and flavor production by yeasts and bacteria, such as *Saccharomyces*, *Hansenula*, *Candida*. Lactic acid bacteria provide substrates for esterification of yeasts. Koji is available in many varieties, which differ in fungi, substrates, and the preparation methods. The production of soy sauce, miso, sake and citric acid all involves koji.

2. 小曲（Mini koji）

小曲是在米粉或米糠中添加或不添加中草药，接种纯种根霉和酵母（或曲母）培养而成，又称酒药。根霉能够产生多种淀粉酶和酒化酶，可以边糖化边发酵。

3. 麸曲（Bran koji）

麸曲是以麸皮为主要原料，加入适量新鲜酒糟和填充剂，接种纯种曲霉菌培养而成。黑曲霉糖化力强，持续性好且耐酸，但酶系复杂，导致白酒的口味变差；米曲霉对蛋白质分解力强，产香好，液化快，但不耐酸，所以生产上常将黑曲霉和米曲霉（7∶3）混合使用。

（三）生产原料（Raw materials）

谷类原料有高粱、玉米、大米、小麦和豆类，薯类原料有甘薯和木薯，糖质原料有甘蔗糖蜜和甜菜糖蜜，辅助原料有麸皮、高粱，填充料有稻壳、酒糟、玉米芯等。

（四）发酵机制（Fermentation mechanism）

在厌氧条件下，葡萄糖经糖酵解途径（Embden-Meyerhof-Parnas pathway，EMP 途径）生成丙酮酸，在丙酮酸脱羧酶作用下生成乙醛，再由乙醇脱氢酶还原生成乙醇（Figure 7-4），副产物有 CO_2、甘油、乙醛、琥珀酸、乙酸、酯、高级醇、双乙酰等。

由葡萄糖生成乙醇的总反应式为

$$C_6H_{12}O_6+2ADP+2H_3PO_4 \longrightarrow 2CH_3CH_2OH+2CO_2+2ATP$$

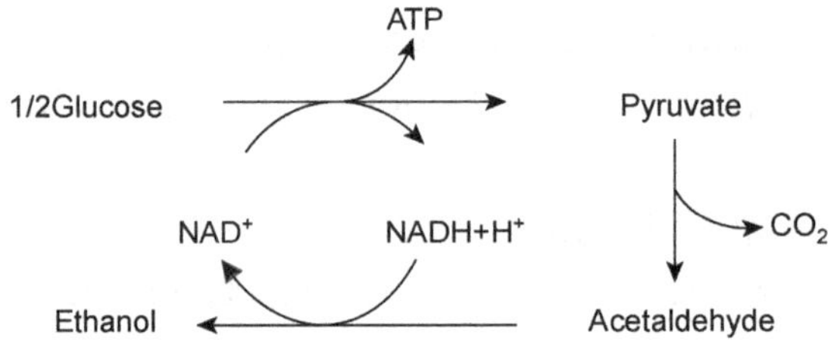

Figure 7-4　Biochemical reactions in *Saccharomyces cerevisiae*

Box 7-4　Alcoholic fermentation

Aerobic metabolism occurs via the tricarboxylic acid cycle, resulting in CO_2 and cell mass as well as an ATP yield ratio of 38 moles per mole of glucose oxidized. Under anaerobic conditions, *Saccharomyces cerevisiae* catabolizes glucose via the Embden-Meyerhof-Parnas (EMP) pathway which yield anaerobically 2 moles ATP per mole of consumed glucose. The efficiency of this pathway for anabolic processes is low with a maximal biomass yield of around 7% and an ethanol yield in the range of 90%-93% from the glucose consumed.

Alcoholic fermentation represents the largest application of the yeast *S. cerevisiae* in the field of industrial biotechnology. With increasing consumption of ethanol for biofuel and distilled beverages, the annual global production of ethanol will exponentially grow due to economic and environmental reasons.

（五）大曲酒（Great koji liquor）

大曲酒的生产按照配料方式分为续渣法和清渣法。

1. 续渣法（Blending residue method）

续渣法是大曲酒和麸曲酒常用的酿酒方法。其包括清蒸续渣和混蒸续渣（续渣混烧）两种工艺，其特点是配醅发酵，香气浓郁。

1）清蒸续渣：原料加入辅料后单独蒸料，再与蒸酒后的母糟混合，蒸料和蒸酒分别进行，混合发酵。

2）混蒸续渣：将发酵成熟的酒醅与新料按比例混合，蒸料蒸酒同时进行。浓香型大曲酒常采用此工艺，如茅台酒的工艺生产可归纳为“四高一长”，即高温制曲、高温堆积、高温发酵、高温流酒和长期贮存。

2. 清渣法（Non-residue method）

此法生产工艺流程为原料（如高粱和辅料）经一次蒸煮、拌曲糊化、入缸发酵，二次加大曲糖化发酵，最后蒸馏。清香型大曲酒（如汾酒）的生产工艺流程见 Figure 7-5。

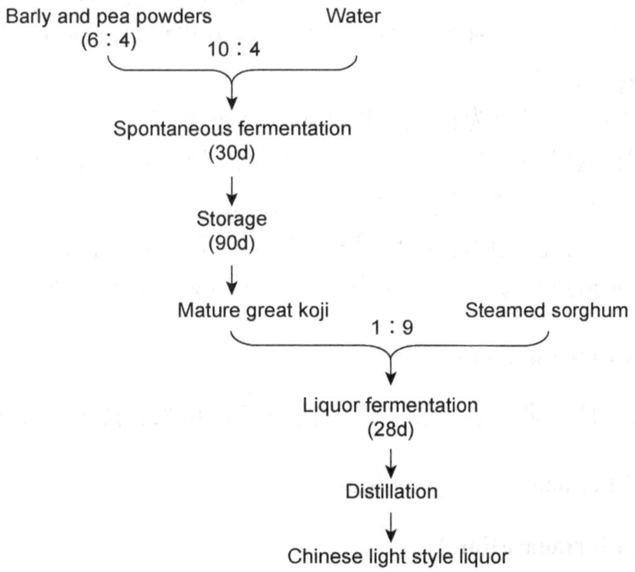

Figure 7-5　Flow chart of Chinese light-style liquor production

（六）小曲酒（Mini koji liquor）

小曲酒的生产是以大米、高粱、玉米、稻谷、小麦等为原料，以小曲为糖化发酵剂，饭粒培菌，半固态或固态发酵，液态蒸馏特点是用曲量少，发酵周期短。

（七）麸曲白酒（Bran koji liquor）

麸曲白酒的生产是以高粱、玉米、薯干及高粱糠等为原料，采用纯种培养的麸曲为糖化剂，酒母（酵母菌的扩大培养液）为发酵剂。工艺操作和大曲白酒类似。其特点是生产周期短，出酒率高，物美价廉。

四、黄酒（Chinese yellow wine, rice wine）

黄酒是以大米或高粱为原料，经麦曲和酒母边糖化边发酵制成，乙醇含量约为 15%，可直接饮用，也可药用或作为调味料用。著名黄酒有绍兴酒、加饭酒、香雪酒和即墨老酒。日本清酒和我国的黄酒类似。

（一）菌种（Strains）

黄酒生产中，用麦曲作糖化剂，用酒药或纯种培养的酒母作发酵剂。

1. 麦曲（Wheat koji）

麦曲是由霉菌在小麦粒上生长繁殖而制得，主要微生物包括黄曲霉或米曲霉，还有根霉、毛霉、黑曲霉和酵母菌等，富含淀粉酶、酸性蛋白酶和脂肪酶等。

2. 酒药（Chinese yeast）

酒药又称小曲、酒饼、白药等，主要含根霉和酵母菌，分传统的白药（蓼曲）、药曲和纯培养的根霉曲。白药是用早籼稻米粉、野生辣蓼草粉和水为原料，接种陈年酒药自然培育而成。药曲是添加中药的酒药。纯种根霉曲由纯种根霉菌和酵母菌制成。

3. 酒母（Seeding yeast）

根据培养方法不同，酒母分为传统酒母和纯种培养酒母。

1）传统酒母：用酒药通过自然培养、淋饭酒醅而制成的淋饭酒母（酒娘）。优点：成品酒浓醇。缺点：培养时间长，劳动强度大，质量不稳定。

2）纯种培养酒母：用纯种黄酒酵母菌逐步扩大培养而成，常用于大罐发酵。优点：操作简单，劳动强度低，酿造过程易控制。缺点：酒的香气差，口味淡薄。

（二）生产原料（Raw materials）

黄酒酿造主要原料是大米、黍米和玉米，需要经过精米、洗米、浸米、蒸煮和冷却处理。

（三）发酵工艺（Fermentation technology）

1. 主发酵（Main fermentation）

主发酵包括糖化和发酵过程。常见的发酵方式有：摊饭法、喂饭法、抑制式发酵、大罐发酵。

1）摊饭法：米饭以摊冷的方式冷却，特点是用酸浆水配料发酵，生麦曲作糖化剂，淋饭酒母作发酵剂，以绍兴元红酒为代表。

2）喂饭法：将酿酒原料分批加入，连续发酵，特点是多次投料使主发酵时间延长，麦曲和酒药并用，出酒率高，以嘉兴黄酒为代表。

3）抑制式发酵：配料时以酒代水，适合半甜型和甜型黄酒生产，特点是残留糖分较多，口味醇香甘甜，以绍兴善酿酒和绍兴香雪酒为代表。

4）大罐发酵：糖化发酵剂为麦曲和纯种酒母，并适当添加少量酶制剂，是典型的深层发酵，特点是利用醪液自动翻动代替人工开耙，如上海金枫黄酒。

2. 后发酵（Post-fermentation）

在酒坛或后发酵罐中将残留淀粉和糖继续进行低温长时间糖化和发酵。

3. 后处理（Post-processing）

酒醪发酵成熟后需要进行后处理，包括压榨、添加着色剂、澄清、煎酒、包装和贮存。经贮存陈酿，口味从辛辣变得醇厚柔和，色泽加深，香气浓郁。

黄酒生产工艺流程如下：米→浸米→蒸饭→冷却→添加发酵剂→前发酵（3～7d）→落缸和后发酵（30～60d）→压榨→加酱色→澄清（1～3d）→煎酒（86～92℃）→冷却至室温→贮存陈酿（6个月以上）→灭菌→包装→成品。

4. 黄酒发酵特点（Fermentative characteristics of yellow rice wine）

1）开放式发酵；

2）糖化发酵并行；

3）酒醪高浓度发酵；

4）低温长时间后发酵；

5）酒精度较高。

Box 7-5　Chinese yellow rice wine

Chinese yellow rice wine is a traditional alcoholic beverage fermented with rice and is widely used in cooking and Chinese medicines for its health benefits. It contains these bioactive components including amino acids, peptides, oligo-saccharides, poly-saccharides, and phenolic compounds. They have antioxidant activities including inhibition of *in vitro* peroxidation, reducing capacity and radical scavenging activity, which come from their phenolic constituents.

The wine is generally produced from glutinous rice. Traditional manual handling process and mechanical process with equipment are applied for yellow rice wine production. The traditional process is more time consuming than the mechanical method. The typical mechanical production process includes rice soaking, steaming, adding starter culture, pre-fermentation, post-fermentation, squeezing, adding caramel color, frying, package and storage. During fermentation, rice starch is converted into alcohol by yeast, fungus and lactic acid bacteria. The fermentation process lasts for 25-40d, and then the yellow rice wines are stored for 6-12 months. Aroma is an important index of the hedonic quality of yellow rice wine and depends on a number of volatile compounds produced during fermentation.

第二节　发酵豆制品

Fermented Bean Products

以大豆和大米为主要原料，添加既能提供发酵所需底物，又能提供淀粉酶、蛋白酶、肽酶、脂肪酶、纤维素酶和果胶酶的曲进行发酵，获得酱油、面酱等发酵产品。

一、酱油（Soy sauce）

酱油是以蛋白质和淀粉质原料为主料，经微生物发酵制成的一种富含可溶性蛋白质、氨基酸和多肽的咸味调味品。

（一）菌种（Strains）

常用菌种有米曲霉（*Aspergillus oryzae*）、酱油曲霉（*A. sojae*）、鲁氏酵母（*Saccharomyces rouxii*）、球拟酵母属（*Torulopsis*），以及乳酸菌中的嗜盐片球菌（*Pediococcus halophilus*）、酱油片球菌（*P. soyae*）等（Table 7-3）。

Table 7-3　Important microorganisms in soy sauce fermentation

Fungi	Bacteria	Yeast
Aspergillus oryzae（米曲霉）	*Pediococcus halophilus*（嗜盐片球菌）	*Zygosaccharomyces rouxii*（鲁氏酵母）
A. sojae（酱油曲霉）	*P. soyae*（酱油片球菌）	*Zygosaccharomyces sojae*（酱油结合酵母）
Mucor（毛霉）	*Tetracoccus sojae*（酱油四联球菌）	*Torulopsis versitalis*（易变球拟酵母）
Rhizopus（根霉）	*Lactobacillus plantarum*（植物乳杆菌）	*T. etchellsii*（埃契氏球拟酵母）
		T. mogii（蒙奇球拟酵母）

淀粉质原料经曲霉产生的淀粉酶水解成糊精和葡萄糖，蛋白质经曲霉或酵母菌产生的蛋白酶水解成肽和氨基酸，再由酵母发酵葡萄糖生成乙醇、甘油等，乳酸菌发酵生成乳酸，醋酸菌发酵生成葡萄糖酸和乙酸，进而与醇生成酯，共同构成了酱油的色、香、味、体。

（二）原料（Raw materials）

以小麦和麸皮作为淀粉质原料，豆粕和大豆作为蛋白质原料，经粉碎、混合、润水后蒸料。

（三）发酵工艺（Fermentation technology）

酱油酿造一般分为制曲、发酵、浸提3个阶段。

1. 制曲（Koji preparation）

一般采用厚层通风制曲，在酱油曲料中接种米曲霉、种曲或酶类，如淀粉酶、蛋白酶、纤维素酶等。制曲的关键是控制品温、供氧和调湿，掌握"一熟、二大、三低、四均匀"的操作要点，即曲料要蒸熟，供给大风（足够风量和风压）和大水（熟料水分含量高，制曲时保持较高湿度），保持室温低、风温低、品温低，保证原料混合及润水均匀、接种均匀、装池疏松均匀、料层厚薄均匀。

2. 发酵（Fermentation）

成曲拌入盐水后，混合物呈浓稠的半流动状态为酱醪，呈不流动状态为酱醅，生产中主要采用低盐固态发酵和高盐稀醪发酵。

（1）低盐固态发酵（Low-salt solid fermentation）

我国多采用"先中温后低温"发酵，即将成曲通过制醅机混合成曲与糖浆盐水，前期（约8d）发酵温度在42～48℃，酱醅盐度为7%，后期补充盐水，保持低品温（30～35℃）和高盐度（15%），添加酵母和乳酸菌培养液，酱汁反复浇淋，发酵14～20d，制得风味较好的酱油。

（2）高盐稀醪发酵（High-salt liquid fermentation）

该法拌盐水量多，发酵周期长，酱油风味好，但生产设备落后，出油率低。我国湖南龙牌酱油采用此法生产。

3. 浸提（Extraction）

酱醅成熟后，利用浸泡和过滤法将可溶性物质分离出来。从酱醅中淋出的头油称生酱油，还需加热和配制才能成为酱油成品。加热的目的：灭菌，调和香气，增加色泽，除去悬浮物。

酱油生产的工艺流程如 Figure 7-6 所示。

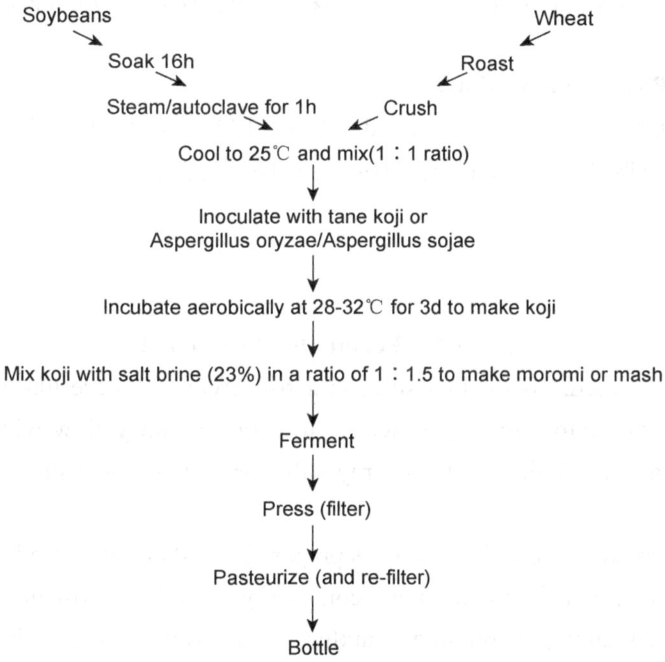

Figure 7-6 Flow chart of soy sauce production

二、腐乳（Soybean cheese, sufu）

豆腐坯接入毛霉菌种，经菌体的生长繁殖，在豆腐坯表面长满灰白色菌丝体，经腌制和后期发酵，形成质地细腻且氨基酸含量较高的发酵食品。

（一）菌种（Strains）

多使用毛霉（*Mucor*），包括腐乳毛霉（*M. sufu*）、鲁氏毛霉（*M. roxianus*）等，其菌丝茂密，呈柔软棉絮状，能包住豆腐块以保持豆腐坯的形状。但毛霉的最适生长温度较低，只适应在气温较低的冬季生产。我国南方某些地方用根霉（*Rhizopus*）生产，该菌蛋白酶活力强、耐高温、生长快，打破了季节性生产的限制。我国也生产细菌型腐乳，所用菌种有嗜盐微球菌（*Halophilic micrococcus*）和枯草芽孢杆菌（*Bacillus subtilis*）。

（二）原料（Raw materials）

主要原料为豆腐，辅料有糯米、食盐、酒类、曲类、甜味剂、胶凝剂和香辛料等。

（三）发酵工艺（Fermentation technology）

1. 豆腐坯制作（Tofu-mass preparation）

豆腐坯制作包括大豆浸泡、磨浆、滤浆、煮浆、点浆与蹲脑、压榨与划坯。煮浆可杀菌和灭酶，消除异味和生理有害因子，使蛋白质适度变性；点浆与蹲脑使豆浆达到凝固效果；压榨使其凝固成形。

2. 前期发酵（Pre-fermentation）

在腐乳坯上生长的茂密菌丝将坯乳包住，保持通风降温，凉透后将腐乳胚间连在一起的菌丝搓断。

3. 后期发酵（Post-fermentation）

后期发酵包括腌胚（冬季 13d，夏季 8d，春季 11d）、装坛、加辅料、封口、贮藏（一般常温 6 个月）。由于豆腐坯和配料所携带的微生物引起生物化学反应，促使腐乳后熟并形成特有风味。

Box 7-6　Fermented bean curd

Fermented bean curd, also called sufu, is a soft creamy cheese-like Chinese traditional food. It can be divided into three types: white sufu (brine with yellow wine), red sufu (brine with yellow wine and red kojic rice) and grey sufu (brine without yellow wine and red kojic rice).

Sufu is made by three steps. Tofu curd is prepared and then fermented with pure fungal or bacterial culture. Fungal culture is the most commonly used. The fermented tofu is salted and then ripen in brine containing a condiment mixture for a certain period of time.

三、纳豆（Natto）

纳豆起源于日本，是以煮熟的大豆接种纳豆芽孢杆菌（*Bacillus natto*）经短期发酵而成。纳豆不仅含有丰富的蛋白质和多种维生素，还含有异黄酮、皂青素等功能成分，其中的纳豆激酶具有溶血栓、降血脂等保健功能。

（一）菌种（Strains）

纳豆芽孢杆菌（*B. natto*）和枯草芽孢杆菌（*B. subtilis*）类似，但纳豆芽孢杆菌生长需要生物素，而枯草芽孢杆菌不需要。

（二）原料（Raw materials）

选用整粒大豆，清洗、浸泡、高压蒸煮，冷却。

（三）发酵工艺（Fermentation technology）

将蒸煮冷却的大豆接种纳豆芽孢杆菌后，40℃好氧发酵 16～20h，纳豆由黄变白，表面覆盖一层黏多糖菌膜，使纳豆具有黏稠和拉丝的特点，发酵结束后低温贮藏。纳豆的生产工艺流程如下。

纳豆芽孢杆菌
↓
整粒大豆→浸泡16h→蒸煮0.5h→冷却→发酵（40℃）→纳豆

Box 7-7　Natto

Natto is a traditional soybean-fermented food from Japan and has been safely consumed for a long time. It is fermented by *Bacillus natto* and has been made an appearance in western cultures and diets, much like sushi, as a healthy food. Natto contains the nattokinase whose supplementation may be beneficial for hypertension. Proteins are generally decomposed into peptides or amino acids under the action of digestive enzymes. By contrast, the nattokinase surviving from the action of digestive enzymes is absorbed by the small intestines and cleaves fibrinogen directly in plasma.

Summary

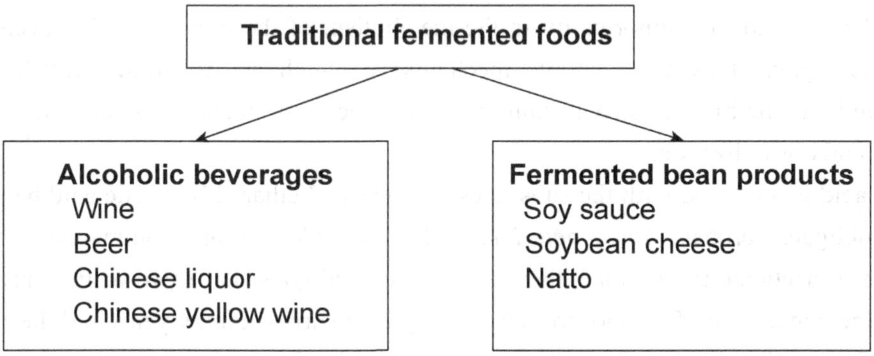

Review Questions

1. Compare the manufacturing technologies between white wine and red wine.
2. Why should barley malt be used in beer brewing and what's the function of it?
3. Compare the differences among great koji liquor, mini koji liquor and bran koji liquor.
4. Why could the open fermentation be used in rice wine?
5. Which kinds of microorganisms are used in soy sauce fermentation? Illustrate the functions of?

第八章　有　机　酸
Organic Acids

Organic acids such as citric acid, acetic acid, lactic acid, malic acid and gluconic acid are widely used in food and beverage industries. All the organic acids in tricarboxylic acid (TCA) cycle can be produced in high yields in fermentation processes and their productions are dominated by submerged fermentation.

The most commercially important genus of lactic acid bacteria is *Lactobacillus*. Many *Lactobacilli* use homo-fermentative metabolism (produce only lactic acid), and some of their species use hetero-fermentative metabolism (produce lactic acid carbon dioxide, either alcohol or acetic acid).They are aero-tolerant despite the complete absence of a respiratory chain. Lactic acid fermentation is widely used in many kinds of foods, and the two common applications are yogurt and cheese production.

Citric acid is a commercially important product which can be produced by *Aspergillus niger* through solid state or submerged fermentation with hydrolyzed corn starch or molasses. It is accumulated by an induced abnormality in the metabolism of the mould in TCA cycle. The citric acid cycle is regulated by three simple mechanisms, which are substrate availability, product inhibition and competitive feedback inhibition. Its recovery techniques include precipitation, evaporation and crystallization.

Acetic acid is produced with the substrates of sugar and ethanol by acetic acid bacteria (AAB) which are obligate aerobes. *Acetobacterium* and *Gluconobacter* are commercially used in the fermentation of acetic acid. The manufacture of acetic acid consists of two distinct processes. The first step is the conversion of ethanol from a carbohydrate carried out by yeast and the second is the oxidation of ethanol to acetic acid carried out by AAB. Currently, submerged fermentation is conducted by unselected AAB cultures, which are derived from previous acetification stocks and maintained by repeated cultivation cycles.

有机酸是含羧基的有机物，包括柠檬酸（citric acid）、乳酸（lactic acid）、苹果酸（malic acid）、乙酸（acetic acid）、葡萄糖酸（gluconic acid）等，在食品、化学、医药等领域应用广泛，目前主要采用发酵法生产。

第一节　乳酸与发酵乳制品
Lactic Acid and Fermented Dairy Products

乳酸（lactic acid），结构式为 CH_3—CHOH—COOH，分子式为 $C_3H_6O_3$，有 D 型和 L 型两种对映体，存在于乳酸菌参与发酵的产品中，如酸奶（yogurt）、奶酪（cheese）、泡菜（pickle）等，在食品工业中常用作酸味剂（acidulant）、调味剂（flavouring agent）和防腐剂（preservative），动物肌肉呈疲乏状态时也含有大量乳酸。

一、菌种（Strains）

（一）乳酸细菌（Lactic acid bacteria, LAB）

1. 同型乳酸发酵菌（Homo-fermentative lactic acid bacteria）

利用葡萄糖经糖酵解途径（EMP 途径）生成以乳酸为主要产物的细菌，称同型乳酸发酵菌。同型乳酸发酵菌分为球形菌（coccus）和杆状菌（bacillus）（Table 8-1）。

Table 8-1　Types and properties of homo-fermentative LAB

	Coccus（round shape）		Bacillus（rod shape）	
Organisms	***Streptococcus*** *S. thermophilus* *S. salivarius* *S. mutans* ***Enterococcus*** *E. faecalis* ***Lactococcus*** *L. lactis*	 （嗜热链球菌） （唾液链球菌） （变形链球菌） （粪肠球菌） （乳酸乳球菌）	***Lactobacillus*** *L. plantarum* *L. delbrueckii* subsp. *bulgaricus* *L. acidophilus* *L. casei* *L. leichmannii*	 （植物乳杆菌） （德氏保加利亚乳杆菌） （嗜酸乳杆菌） （干酪乳杆菌） （赖式乳杆菌）
Products	Mainly lactate			

2. 异型乳酸发酵菌（Hetero-fermentative lactic acid bacteria）

利用葡萄糖经磷酸解酮酶（phosphoketolase pathway, PK）途径，除产生乳酸外，还产生乙醇（或乙酸）和二氧化碳等多种产物的细菌，称为异型乳酸发酵菌（Table 8-2）。

Table 8-2　Types and properties of hetero-fermentative LAB

	Coccus		Bacillus	
Organisons	***Leuconostoc*** *L. mesenteroides* *L. dextranicum*	 （肠膜明串珠菌） （葡聚糖明串珠菌）	***Lactobacillus*** *L. brevis* *L. kandleri*	 （短小乳杆菌） （坎氏乳杆菌）
Products	Different fermentation products			

（二）根霉（*Rhizopus*）

根霉营养需求少，但产量低。米根霉（*R. oryzae*）有淀粉糖化能力，可利用无机氮如尿素、硝酸铵、硫酸铵等，可用于乳酸发酵。

Box 8-1　Lactic acid bacteria fermented foods

Lactic acid bacteria (LAB) is a group of gram-positive bacteria including genera *Lactobacillus, Lactococcus, Streptococcus, Leuconostoc* and *Pediococcus*. All the LAB grow anaerobically, but unlike most anaerobes, they grow in the presence of O_2 as “aerotolerant anaerobes". These bacteria have limited biosynthetic ability and evolve in the environment rich in amino acids, vitamins, purines and pyrimidines; therefore, they must be cultivated in complex medium that fulfill all their nutritional requirements.

Lactic acid bacteria have been used in the production of fermented foods because they can produce several compounds that contribute to taste, smell, color, and texture of the foods. In addition, they can produce antimicrobial substances including bacteriocins that have ability to inhibit pathogenic and food spoilage bacteria. Therefore, LAB fermented foods, such as ripened cheeses, fermented sausages, yogurt and pickles, have not only aroma and flavor characteristics but also a greatly extended shelf life.

二、乳酸生物合成途径（Biosynthesis pathway of lactic acid）

（一）同型乳酸发酵（Homolactic fermentation）

同型发酵乳酸菌利用葡萄糖经 EMP 途径生成丙酮酸（pyruvate），在乳酸脱氢酶（lactate dehydrogenase, LDH）的催化下，还原为乳酸（Figure 8-1）。

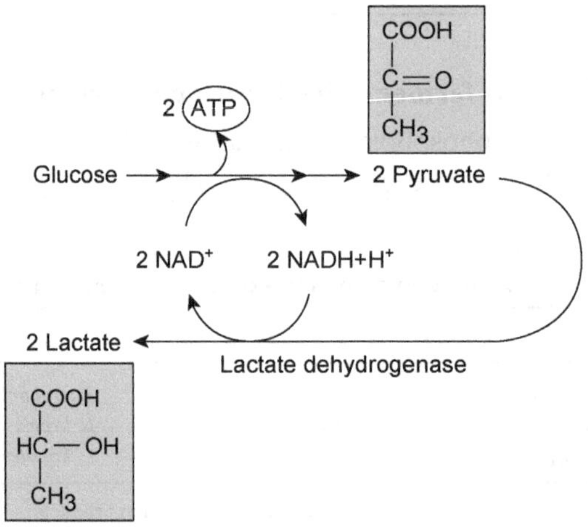

Figure 8-1 Metabolism pathway in homo-fermentative LAB

（二）异型乳酸发酵（Heterolactic fermentation）

异型乳酸发酵菌经 PK 途径将葡萄糖分解为 5-磷酸核酮糖（ribulose-5-P），在转酮酶催化下，生成 3-磷酸甘油醛（glyceraldehyde-3-P）和乙酰磷酸（acetylphosphate），3-磷酸甘油醛还原为乳酸，乙酰磷酸变为乙酰 CoA 后，再经乙醛脱氢酶（acetaldehyde dehydrogenase）和乙醇脱氢酶（alcohol dehydrogenase）作用生成乙醇，因而异型乳酸发酵除产生乳酸外，还产生乙醇（或乙酸）和二氧化碳等终产物（Figure 8-2）。

发酵总反应式为

$$C_6H_{12}O_6+ADP+Pi \longrightarrow CH_3CHOHCOOH+CH_3CH_2OH+CO_2+ATP$$

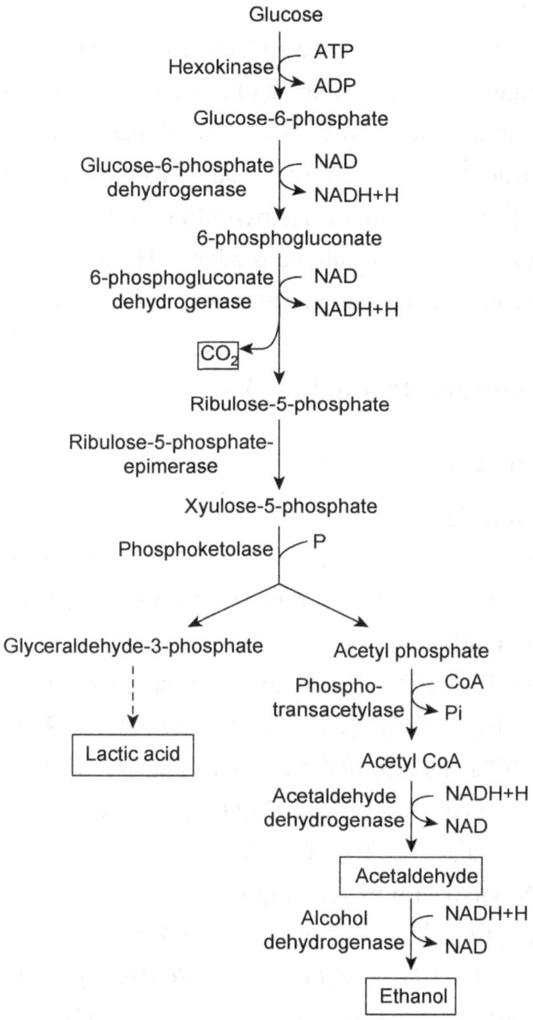

Figure 8-2 The phosphoketolase pathway in hetero-fermentative LAB

同型乳酸发酵和异型乳酸发酵的区别见 Table 8-3。

Table 8-3 Comparison of homolactic fermentation and heterolactic fermentation

	homolactic fermentation	heterolactic fermentation
Pathway	EMP	PK
Products	2 lactic acid	1 lactic acid, 1 alcohol (or acetic acid), 1 CO_2
Energy	2ATP	1ATP
Conversion rate	High	Low

Box 8-2 Homolactic fermentation and heterolactic fermentation

Homolactic fermentation (produce only lactic acid) is the simplest type of fermentation. The pyruvate from glycolysis undergoes a simple redox reaction and form lactic acid. It is unique because it is one of the only respiration processes not to produce gas as byproduct. Overall, one molecule of glucose (or any six-carbon sugar) is converted to two molecules of lactic acid. Some kinds of bacteria (such as lactobacilli) can convert lactose into lactic acid in yogurt and give its sour taste. When lactose is fermented (as in yogurts and cheeses), it is first converted into glucose and galactose (both are six-carbon sugars with the same atomic formula): $C_{12}H_{22}O_{11}+H_2O \longrightarrow 2C_6H_{12}O_6$. These lactic acid bacteria can carry out either homolactic fermentation with the end-product of lactic acid, or **heterolactic fermentation** with ethanol, carbon dioxide (via the phosphoketolase pathway) and other metabolic products. Heterolactic fermentation is in a sense intermediate between lactic acid fermentation, and other types, e.g. alcoholic fermentation.

三、发酵工艺（Fermentation technology）

（一）乳酸生产（Lactic acid production）

1. 生产原料（Raw materials）

碳源包括淀粉、糖蜜、蔗糖等，氮源常用蛋白胨（peptones）、酵母提取物（yeast extract）或玉米浆（corn steep liquor），也可用营养丰富的米糠（rice bran）、麦根（malt root）等。

2. 工艺控制（Process control）

淀粉质原料常采用边糖化边发酵工艺（simultaneous saccharification and fermentation），即淀粉糖化与乳酸发酵同时进行，不仅节省时间、降低成本，还可避免初糖浓度过高对发酵的抑制作用。

由于大接种量（8%～10%）的乳酸菌产酸迅速，因此培养基不必灭菌即可抑制杂菌生长。发酵液 pH 下降时，可通过补料或一次性加入 $Ca(OH)_2$ 或 $CaCO_3$，控制 pH 在最适范围内（5.8～6.2）。发酵温度为 50℃，可抑制中温型细菌生长。

3. 下游加工过程（Downstream processing）

钙盐法是传统的乳酸提取工艺，主要包括中和与酸解两个过程。

中和（neutralization）：$2C_3H_6O_3+CaCO_3 \longrightarrow Ca(C_3H_5O_3)_2+H_2O+CO_2\uparrow$

酸解（acidolysis）：$Ca(C_3H_5O_3)_2+H_2SO_4 \longrightarrow 2C_3H_6O_3+CaSO_4\downarrow$

发酵生成的乳酸与 $CaCO_3$ 反应生成水合型乳酸钙，发酵接近终止时，升温至 90～100℃并加入石灰乳，将 pH 调至 9.5～10，55℃保温 4～6h，使菌体等悬浮物下沉而避免乳酸钙析出，加硫酸酸化，生成乳酸和硫酸钙（gypsum）。过滤除去硫酸钙，将粗乳酸蒸发浓缩，经离子交换、重结晶或电渗析等纯化方法除去色素等杂质（Figure 8-3）。钙盐法提取乳酸的缺点是消耗石灰和硫酸较多，并产生大量石膏渣副产物。

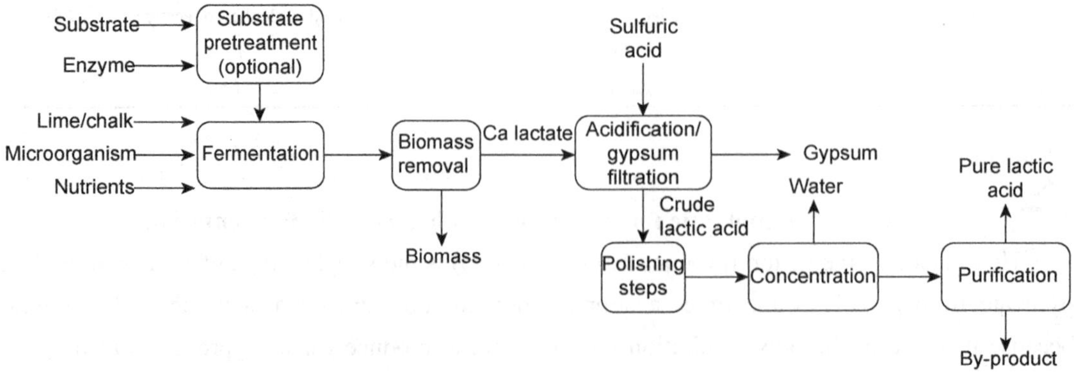

Figure 8-3 Traditional downstream processing of lactic acid production

（二）酸奶生产（Yogurt production）

1. 酸奶发酵剂（Yogurt starter culture）

通常由多种同型乳酸菌组成，如嗜热链球菌（*Streptococcus thermophilus*）、德式保加利亚乳杆菌（*Lactobacillus delbrueckii* subsp. *bulgaricus*），也可加入嗜酸乳杆菌（*L. acidophilus*）、双歧杆菌（*Bifidobacterium*）等益生菌以提高酸奶的保健价值。乳杆菌和嗜热链球菌具有协同生长的特点，具体表现在：产酸为主的嗜热链球菌先生长，产生的甲酸（formic acid）使 pH 降低，促进分解酪蛋白能力强的德式保加利亚乳杆菌的生长，而其分解产物又为嗜热链球菌提供生长所需要的多肽和氨基酸（Figure 8-4）。

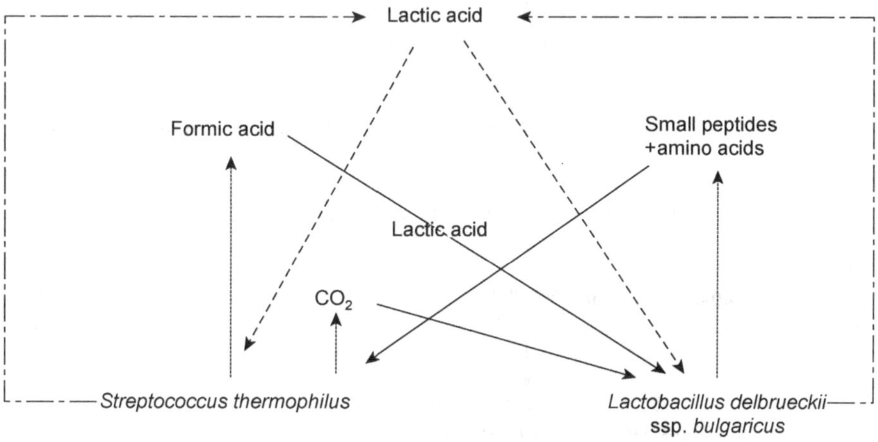

Figure 8-4 Outline of stimulation and inhibition of growth of yogurt bacteria in milk

—— - -, Formation of lactic acid; ············, Formation of growth factors; ——, Stimulation; - - - -, Inhibition

2. 发酵机制（Fermentation mechanism）

乳酸菌中的 β-半乳糖苷酶（β-galactosidase）将牛奶中的乳糖（lactose）转化为葡萄糖和半乳糖，葡萄糖进一步发酵产生乳酸（Figure 8-5）；pH 下降至酪蛋白的等电点（pH4.6）时，乳液凝固；酪蛋白被分解为肽和氨基酸，并产生一些能够提高酸奶黏度和口感的组分，形成酸奶独特的风味、质地和外观。

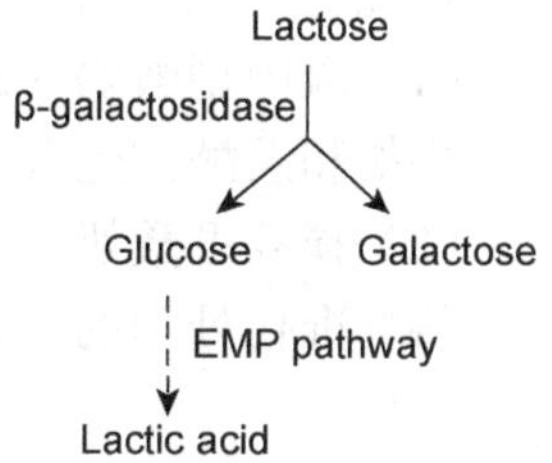

Figure 8-5 Conversion of lactose to lactic acid by LAB

3. 发酵工艺（Fermentation technology）

酸奶生产工艺过程包括：牛乳标准化与均质、接种与培养、冷却与后熟（Figure 8-6）。

（1）标准化与均质（Standardization and homogenization）

与乳酸发酵不同，酸奶生产要防止凝乳脱水，通常采用提高牛奶的固形物含量（通过添加奶粉或浓缩）、巴氏消毒（pasteurization）、添加稳定剂和增稠剂等方法增强酸奶的持水能力。均质的目的是防止乳脂上浮、抑制乳清分离并改善酸奶的稳定性和黏稠度。

（2）接种与培养（Inoculation and incubation）

经预处理的牛乳接种 1.5%～2%的乳酸菌后，40～45℃发酵 4～6h，pH 4.4～4.6，最终乳酸含量为 0.8%～0.9%。

（3）冷却与后熟（Cooling and aging）

发酵结束后迅速冷却至 4℃以下，以终止乳酸菌的生长和产酸。经过 12～24h 的冷藏后熟，可达到良好的组织状态和风味。

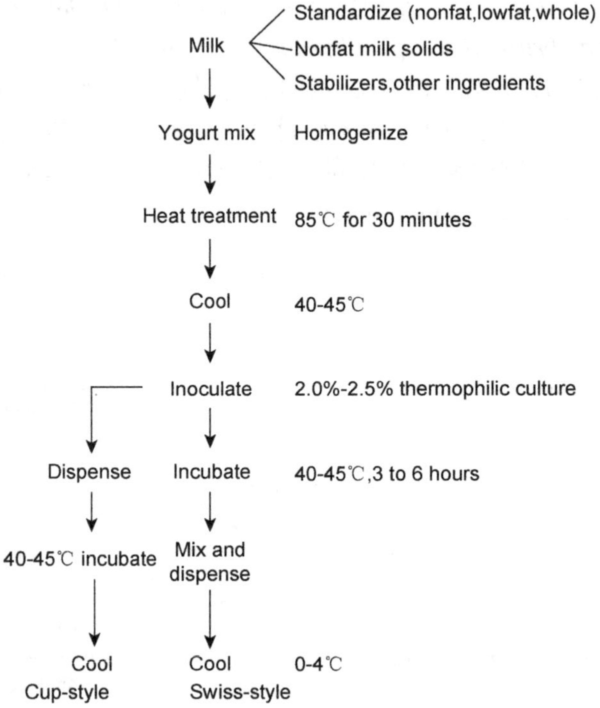

Figure 8-6　Yogurt production process

4. 酸奶的类型（Types of yogurt）

按照生产工艺的不同，酸奶主要分为以下两种类型。

（1）凝固型酸奶（Set-style yogurt, cup-style）

牛奶和发酵剂先分装至发酵容器，再发酵、冷却。

（2）搅拌型酸奶（Stirred yogurt, swiss-style）

将标准化处理的牛奶置于发酵罐发酵至凝乳，用搅拌器轻轻搅拌破乳，再分装冷却。

Box 8-3　Yogurt fermentation

Yogurt is made by milk fermentation with friendly bacteria, mainly *Lactobacillus delbrueckii* subsp. *bulgaricus* and *Streptococcus thermophilus*. In addition, other lactobacilli such as *L. acidophilus*, and *L. plantarum* and *Bifidobacterium* are also sometimes added during or after culturing yogurt. The milk sugar or lactose is fermented by these bacteria to produce lactic acid that forms particular curd and restricts the growth of food poisoning bacteria. The conversion of lactose to glucose and galactose during the yogurt fermentation can make lactose-intolerant individuals tolerate yogurt better than other dairy products.

（三）奶酪生产（Cheese production）

1. 奶酪发酵剂（Cheese starter culture）

常用的有嗜热链球菌（*Streptococcus thermophilus*）、德式保加利亚乳杆菌（*Lactobacillus delbrueckii* subsp. *bulgaricus*）、瑞士乳杆菌（*Lactobacillus helveticus*）和干酪乳杆菌（*Lactobacillus casei*）。

2. 发酵机制（Fermentation mechanism）

奶酪是以牛奶、稀奶油、部分脱脂奶等为原料，经凝乳并分离出乳清（whey）而制得，是牛奶的浓缩过程。奶酪生产中添加的凝乳酶（chymosin）来源于小牛胃，最适 pH 为 5.5，酪蛋白（casein）在该酶作用下水解，形成副酪蛋白（paracasein），结合钙离子形成网状结构而凝固（Figure 8-7）。奶酪发酵剂产生的乳酸参与酪蛋白凝固，部分酪蛋白在蛋白酶和肽酶作用下，生成多肽和氨基酸，不仅提供微生物生长所需的营养成分，还形成奶酪特有的风味、质地和口感。

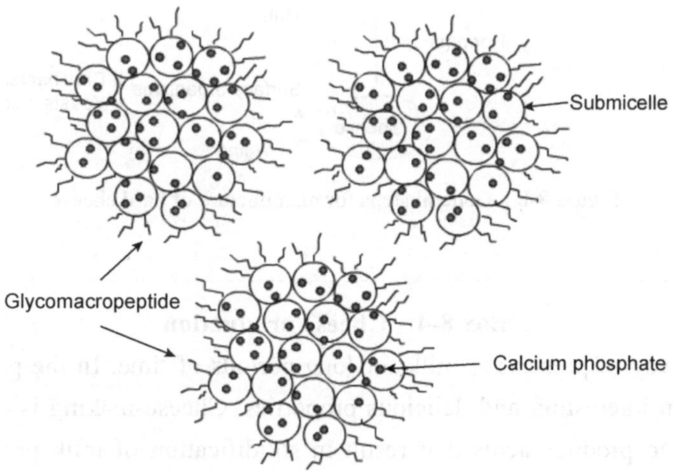

Figure 8-7　Structural model of the casein micelle showing individual submicelles

3. 生产工艺（Production technology）

包括凝乳、切块和加热、乳块处理、成型压榨、盐浸、熟化 6 个工艺过程（Figure 8-8）。

（1）凝乳（Coagulation）

乳液预熟成（pre-ripening），加入凝乳酶和氯化钙促进凝乳，凝乳时间由奶酪硬度决定。

（2）切块和加热（Cutting and cooking）

奶酪切块，缓慢搅拌，加热有利于乳块收缩和脱水。

（3）乳块处理（Curd handling）

乳块处理主要指乳清移除，乳清移除的同时乳糖也被移除，需要补充乳糖。

（4）成型压榨（Molding and squeezing）

先预压，再压榨 12～24h 使其成型。

（5）盐浸（Salting）

盐是奶酪生产必须添加的成分，目的是提供风味，促进缩水，利于贮存。

（6）熟化（Aging）

在乳酸菌和凝乳酶的作用下，奶酪在 3～7℃条件下发生一系列物理和生物化学变化。

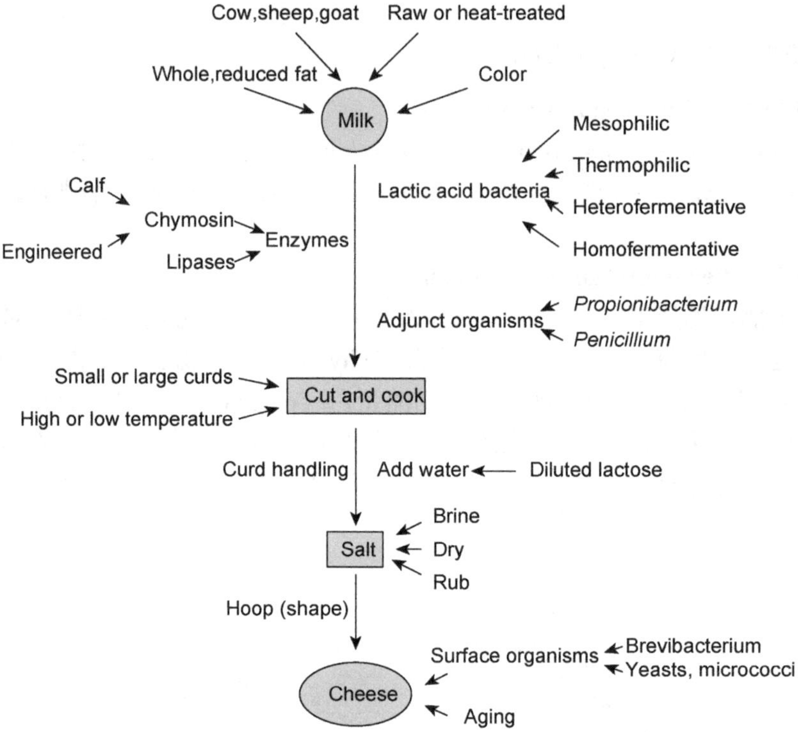

Figure 8-8 General steps for manufacture of hard cheese

Box 8-4 Cheese production

Cheese is a way of preserving milk for long periods of time. In the process, the milk in cheese has its own interesting and delicious properties. Cheese-making is a long process and bacteria are used to produce acids that result in solidification of milk proteins and fat. The solidification after water removal also decreases microbial activities to make cheese much better preserved than milk.

Cheese making involves a number of main stages:

Milk is pre-treated after inoculated with lactic acid bacteria and rennet. The lactic acid bacteria convert the sugar in milk (lactose) to lactic acid. The rennet contains enzymes that modify proteins in milk. It can be used to separate milk into solid curds and liquid whey. Casein with most of the fat and calcium precipitates out as curd gel which soaks with whey until the lactic acid bacteria create a proper lactic acid concentration. At that point, the whey is drained off and salt is added. After that, the curds are pressed in a cheese press and the cheese is allowed to age (ripen) for several months in a cold place to improve its taste and consistency.

第二节 柠 檬 酸
Citric Acid

柠檬酸（citric acid）又名枸橼酸，分子式为 $C_6H_8O_7$，广泛存在于柠檬、柑橘、菠萝等水果中，是一种具有螯合及缓冲作用的水溶性酸性半透明晶体，常作为防腐剂（preservative）、风味强化剂（flavour enhancer）、pH 调节剂（pH regulator）、抗氧化剂（antioxidant）和稳定剂（stabilizer）应用于食品、医药、化工和农业等领域。目前主要通过微生物发酵法生产。

一、菌种（Strains）

在自然界中，产柠檬酸的微生物有很多，主要分布在曲霉属（*Aspergillus*）和青霉属（*Penicillium*）中，但并非所有产柠檬酸的微生物均可作为柠檬酸生产菌种，黑曲霉（*A. niger*）具有遗传性状稳定、营养要求粗放、产酸量高、发酵周期短、发酵液产物单一等特点，是大规模生产中的常用菌株。

二、柠檬酸的生物合成途径（Biosynthesis pathway of citric acid）

葡萄糖经 EMP 途径生成丙酮酸，经脱羧反应生成乙酰 CoA（acetyl-CoA），与三羧酸循环（tricarboxylic acid cycle, TCA cycle）中的草酰乙酸（oxaloacetate）缩合生成柠檬酸（Figure 8-9）。

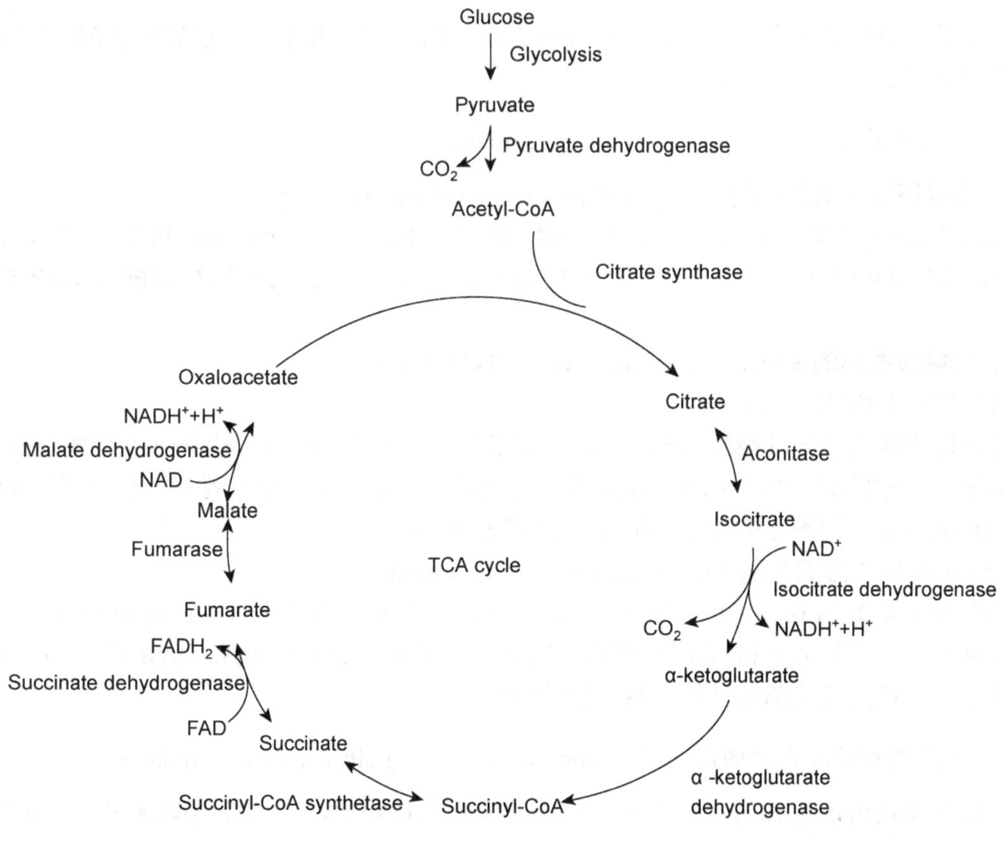

Figure 8-9 Biosynthesis of citric acid

葡萄糖合成柠檬酸的总反应式为

$$2C_6H_{12}O_6+3O_2+22ADP+22Pi \longrightarrow 2C_6H_8O_7+4H_2O+22ATP$$

Box 8-5　Metabolism pathways in citric acid

Citric acid is mainly formed via the reactions of the glycolytic pathway, a small percentage of the pentose phosphate pathway. Glucose via glycolysis is catabolized into two moles of pyruvate that is converted into the precursors of citrate (i.e. oxaloacetate and acetyl-CoA). The quantity of carbon dioxide for the formation of oxaloacetate is equal to the quantity of CO_2 released during acetyl-CoA formation. The accumulation of citrate acid and the necessary intermediates for biomass formation occurs in an active tricarboxylic acid (TCA) cycle. Citrate synthase catalyzes the production of citric acid with the substrate of oxaloacetate and acetyl-CoA. Inactivation of a citrate degrading enzyme (e.g. aconitase or isocitrate dehydrogenases) is essential for citric acid accumulation.

三、柠檬酸的代谢调控（Metabolic regulation of citric acid）

由于微生物自身代谢调控机制，黑曲霉在正常情况下一般不过量积累柠檬酸，柠檬酸的积累受糖酵解和三羧酸循环的调节。

（一）调节的关键酶（Key enzymes for regulation）

1. 糖酵解途径的关键酶（Key enzymes in glycolysis pathway）

EMP 途径中的第一个调节酶是磷酸果糖激酶（phosphofructokinase, PFK），该酶受柠檬酸、Mn^{2+}和 ATP 的抑制，受 AMP 和 NH_4^+激活，高浓度 NH_4^+可解除柠檬酸和 ATP 对 PFK 的抑制。

2. 三羧酸循环的关键酶（Key enzymes in TCA cycle）

（1）顺乌头酸酶（Aconitase）

催化柠檬酸生成异柠檬酸，该酶以 Fe-S 簇作辅基，在催化反应中建立以下平衡：柠檬酸∶顺乌头酸∶异柠檬酸＝90∶3∶7，该酶的作用是使反应趋向于合成柠檬酸。低 Fe^{2+}、低 Cu^{2+}或低 pH 时，酶活力降低或丧失，有利于柠檬酸的积累。

（2）α-酮戊二酸脱氢酶（α-ketobutyrate dehydrogenase）

该复合酶是 TCA 循环中的关键调控点，催化由 α-酮戊二酸到琥珀酰辅酶 A（succinyl-CoA）的不可逆反应，受葡萄糖和 NH_4^+的阻遏。该酶活力降低，则使 α-酮戊二酸浓度升高，从而可反馈抑制异柠檬酸脱氢酶的活性，减少柠檬酸的分解。

（二）促进柠檬酸累积的因素（Factors for improving citric acid accumulation）

柠檬酸是糖酵解途径的抑制因子，若使柠檬酸大量积累，需调控糖酵解和三羧酸循环中的关键酶，具体措施如下。

1. 高葡萄糖浓度（High glucose concentration）

高糖抑制 α-酮戊二酸脱氢酶活力，促进柠檬酸的累积，可通过补料分批培养的方法提高初始糖浓度，提高柠檬酸的产率。

2. 高铵离子浓度（High ammonium concentration）

高 NH_4^+可激活磷酸果糖激酶的活性，增大 EMP 途径的代谢流，降低 α-酮戊二酸脱氢酶的活性，减少柠檬酸的分解，有利于柠檬酸的累积。

3. 高溶氧浓度（High dissolved oxygen concentration）

黑曲霉有两个不同的呼吸路径（respiratory pathway）：对氰化物敏感呼吸途径［cyanide（CN）-sensitive respiratory pathway］和对水杨酸酰异羟肟酸敏感呼吸途径［salicylhydroxamic acid（SHAM）-sensitive respiratory pathway］。对 CN 敏感呼吸途径也对抗霉素 A（antimycin A）敏感，常称作标准呼吸链，氧化时产生 ATP，抑制磷酸果糖激酶的活性。对 SHAM 敏感呼吸途径常称作侧系呼吸链，对 CN 不敏感，对缺氧敏感，不产生 ATP，能够减轻 ATP 对磷酸果糖激酶的反馈抑制。随着菌体的生长和柠檬酸的累积，对 CN 敏感呼吸途径变弱，对 SHAM 敏感呼吸途径变强，使 EMP 途径更加畅通，从而有利于柠檬酸的生物合成（Figure 8-10）。生产中，只要短时间中断供氧，就会导致对 SHAM 敏感呼吸途径的不可逆中断，使 ATP 积累，虽不影响菌体生长，但会导致柠檬酸产量的急剧下降，因此，产酸阶段一定要保证足够的溶氧。

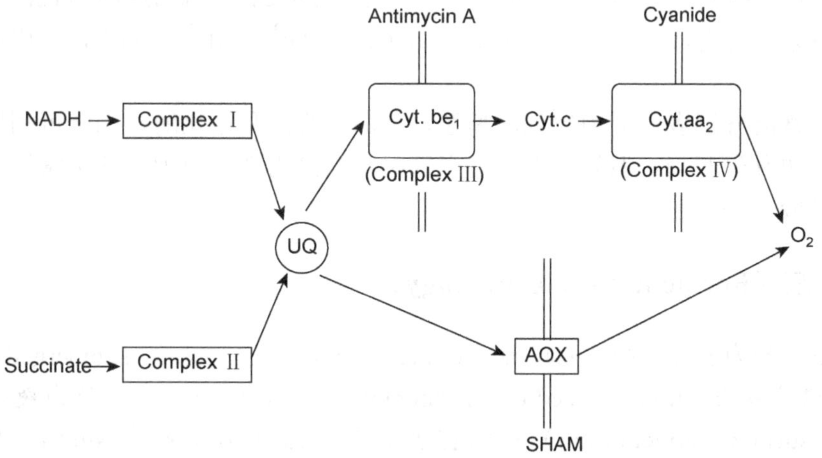

Figure 8-10 Respiratory pathways of mitochondria in *A. niger*

Succinate, 琥珀酸; UQ, ubiquinone 辅酶 Q; AOX, alternative oxidase; Cyt.c, cytochrome C; SHAM, salicylhydroxamic acid 水杨酸酰异羟肟酸; double line, inhibition

4. 限磷（Phosphate limitation）

限磷的主要作用在于：减少对丙酮酸羧化酶的抑制，相应减少对柠檬酸合成所需 CO_2 固定反应的抑制；减少 ATP 的产生，降低 ATP 对磷酸果糖激酶的抑制。

5. 缺锰（Mn^{2+} deficiency）

Mn^{2+}缺乏会影响蛋白质和核酸的合成，导致细胞内 NH_4^+浓度升高，从而激活磷酸果糖激酶，抑制 α-酮戊二酸脱氢酶的活性；Mn^{2+}缺乏有助于柠檬酸从胞内转运到胞外，限制菌体对体外柠檬酸的摄入。

6. 低 pH（Low pH）

pH 影响菌体形态和 TCA 循环相关酶的活性，当 pH 下降至 2.0 时，顺乌头酸酶（aconitase）和异柠檬酸脱氢酶（isocitric dehydrogenase）失活，有利于柠檬酸的积累。另外，胞外的低 pH

可形成较大的 pH 梯度，有利于柠檬酸从胞内扩散至胞外。

Box 8-6　Positive fermentation conditions on citric acid

Accumulation of citric acid is strongly influenced by composition of the fermentation medium, especially in submerged fermentation. The proper quantities of the following nutrients are required for citric acid fermentation: ①High concentration of sugar, nitrogen and oxygen. The proper carbon sources are glucose and sucrose. The specific rate of citric acid production increases with the increasing glucose concentration. Synthesis of citric acid is dependent on the SHAM-sensitive respiratory pathway. ②Limited phosphate and trace metals such as Zn, Fe, Cu, especially manganese deficiency. A low pH is also required in citric acid fermentation.

四、生产原料（Raw materials）

国外生产柠檬酸的主要碳源为甘蔗糖蜜（cane molasses）或甜菜糖蜜（beet molasses）。糖蜜原料成分复杂，含有较多的金属阳离子，如 Cu^{2+}、Fe^{3+}、Mn^{2+}、Zn^{2+}，使用前需要进行预处理。

由于黑曲霉能分泌多种活力较强的酶系，如α-淀粉酶和糖化酶，因此可利用薯干粉边长菌、边糖化、边发酵产酸。但为了提高生产效率和产品得率，目前工业上常用淀粉水解糖为原料生产柠檬酸。

五、发酵工艺（Fermentation technology）

柠檬酸发酵分为表面发酵法（surface fermentation）、深层发酵法（submerged fermentation）和固定化细胞发酵法（immobilized cell fermentation）。表面发酵法又分为液态表面发酵法（liquid-state surface fermentation）和固态表面发酵法（solid-state surface fermentation）（Figure 8-11）。深层发酵是柠檬酸的主要生产方法。

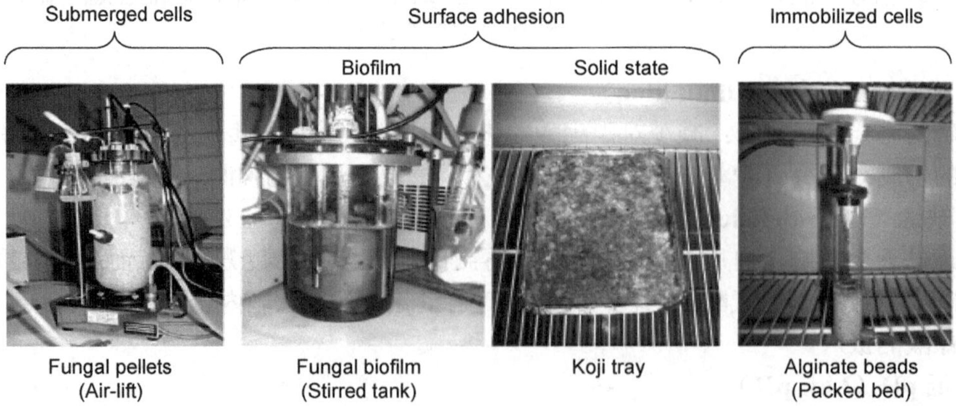

Figure 8-11　Main categories of citric acid fermentation systems

（一）表面发酵（Surface fermentation）

表面发酵法投资小、能耗低、工艺简单，是一种古老的规模化生产柠檬酸的方法。

1. 液态表面发酵（Liquid-state surface fermentation）

采用糖蜜原料，在盛有液体培养基的不锈钢或高纯铝的耐酸蚀金属盘或罐中发酵，配有通风设备，吹入相对湿度为45%～60%的无菌空气，以达到供氧和散热的目的。

2. 固态表面发酵（Solid-state surface fermentation）

采用麸皮、水果渣或酒糟为原料，添加液体菌悬液或以干的分生孢子喷雾接种于曲盘中，温度控制在 28～30℃，初始 pH 为 5～5.5，发酵时间为 5～8d。也可采用填充床反应器（packed-bed reactor），通过调节空气流量控制温度、湿度和通气。

（二）深层发酵（Submerged fermentation）

常采用不锈钢旋转通气搅拌发酵罐（stirred aerated tank reactor）和气升式反应器（air-lift reactor），以价格低、来源丰富的薯干粉经酶解制得的水解糖为原料，控制发酵条件为高糖、高铵、高通氧，限磷、缺锰、低 pH。

六、下游加工过程（Downstream processing）

柠檬酸提取方法主要有沉淀法、离子交换法、溶剂萃取法和电渗析法等，目前常用钙盐沉淀法和离子交换法。

1. 钙盐沉淀法（Calcium citrate precipitation）

包括发酵液过滤或离心（除去菌体及各种固形物）、中和（得柠檬酸钙沉淀）、酸化（释放出柠檬酸），经结晶、干燥得柠檬酸产品。36℃以下烘干得一水柠檬酸，36℃以上烘干得无水柠檬酸。

2. 离子交换法（Ion exchange method）

阴、阳离子交换树脂可分别结合溶液中的阴、阳离子，将树脂上的 OH^-和 H^+置换出来，但树脂对不同离子的结合力不同。柠檬酸在水中电离成 H^+和酸根离子，可与碱性阴离子交换树脂交换吸附，因柠檬酸是三元有机中强酸，故选择弱碱性阴离子交换树脂，若用强碱性阴离子交换树脂，吸附虽然容易，但洗脱困难。

发酵液过滤或离心除去菌体，过弱碱性阴离子交换柱，柠檬酸吸附到树脂上，当流出液 pH 降至 3.0 左右时，表示有柠檬酸流出，吸附和交换趋于饱和。水洗后用氨水洗脱（解吸）出柠檬酸铵，再用阳离子交换树脂将柠檬酸铵转型为柠檬酸，最后用活性炭脱色，进一步浓缩、结晶与干燥，得柠檬酸纯品。

第三节 乙 酸

Acetic Acid

乙酸（CH_3COOH）又名醋酸，在食品工业中，食醋（vinegar）是乙酸的主要产品，也是一种常用的酸味调味品。我国著名的食醋有：山西老陈醋（old mature vinegar）、江苏镇江香醋（aromatic vinegar）、四川保宁麸醋（bran vinegar）、福建红曲醋（red koji vinegar）和江浙玫瑰米醋（rose vinegar）。

一、菌种（Strains）

乙酸生产包括厌氧发酵（anaerobic fermentation）和好氧发酵（aerobic fermentation）两个阶段，由霉菌、酵母菌和醋酸细菌（acetic acid bacteria, AAB）参与完成（Table 8-4）。

Table 8-4　Strains used in vinegar fermentation

	Mould	Yeast	Bacteria
Organisms	*Aspergillus oryzae* （米曲霉）	*Saccharomyces cerevisiae* （酿酒酵母）	*Acetobacterium aceti* （醋化醋杆菌）
	A. flavus （黄曲霉）	*Hansenula anomala* （异常汉逊酵母）	*A. pasteurianus* （巴氏醋杆菌）
	A. batatae （甘薯曲霉）		*A. rancens* （恶臭醋杆菌）
	A. niger （黑曲霉）		*A. schutzenbachii* （许氏醋杆菌） *A. hansenii* （汉逊醋杆菌）
Functions	Saccharification	Alcoholic fermentation	Acetic fermentation
Main products	Sugar	Alcohol	Acetic acid

（一）糖化剂（Saccharifying agent）

糖化剂可将淀粉水解为小分子糖类。食醋生产中常用的糖化剂有大曲（great koji）、小曲（mini koji）、麦曲（wheat koji）、红曲（red-rice koji）、麸曲（bran koji）、液体曲（liquid koji），糖化剂中的微生物主要是曲霉（*Aspergillus*）。

（二）酒母（Seeding yeast）

酒母是指将可发酵性糖类转化为乙醇的酵母培养物。食醋工业中常用的酵母菌与乙醇、白酒、黄酒生产所用的酵母菌基本相同。

（三）醋母（Vinegar seed）

醋母是指将乙醇氧化为乙酸的醋酸菌培养物。生产中常用的醋酸菌多属于醋酸杆菌属（*Acetobacterium*）。醋酸杆菌氧化乙醇能力强，氧化葡萄糖能力弱，主要作用是将乙醇氧化为乙酸，缺少乙醇时可将乙酸进一步转化成 CO_2。

Box 8-7　Acetic acid tolerance of *Acetobacterium*

During the vinegar fermentation, acetic acid bacteria must be able to tolerate ethanol and acetic acid. *Acetobacterium* can convert ethanol to acetic acid with ethanol concentrations near 12% and still maintain growth when the concentration of acetic acid reaches more than 7%. Strains that are more acid tolerant would be expected to be more productive. There are several mechanisms that account for the ability of *Acetobacterium* and other acetic acid bacteria to tolerate high acetic-acid and low-pH environments. The accumulation of the acid involves the [$acid_{in}$]/[$acid_{out}$] equilibrium. The lower pH gradient across the cell membrane reduces anion accumulation in cytoplasm of cells, which prevents the severe toxicity and osmotic problems caused by anion (acetate) accumulation. Moreover, acetic acid efflux pump stimulates acetic acid efflux that is energized by a proton motive force dependent on respiration activity. Finally, a number of proteins are synthesized, which refer to acetate adaptation proteins and acetate-specific stress proteins.

二、发酵机制（Fermentation mechanism）

传统的食醋生产以粮食谷物为原料，在霉菌的作用下，将淀粉转化为可发酵性糖，在厌氧条件下，再经酵母菌作用将可发酵性糖转化为乙醇，最终在好氧条件下通过醋酸菌的作用，将乙醇氧化为乙酸。

（一）乙酸的合成（Synthesis of acetic acid）

醋酸菌是专性好氧菌，在将乙醇氧化成乙酸的过程中，位于细胞周质空间的乙醇脱氢酶（alcohol dehydrogenase）将乙醇氧化成乙醛，乙醛脱氢酶（acetaldehyde dehydrogenase）将乙醛氧化成乙酸。

$$\underset{\text{Ethanol}}{CH_3CH_2OH} \xrightarrow[\text{dehydrogenase}]{\text{Alcohol}} \underset{\text{Acetaldehyde}}{CH_3CHO} \xrightarrow[\text{dehydrogenase}]{\text{Acetaldehyde}} \underset{\text{Acetic acid}}{CH_3COOH}$$

（二）蛋白质的水解（Hydrolysis of protein）

曲霉分泌的蛋白酶将原料中的蛋白质分解为氨基酸，除了为菌体生长提供氮源外，还构成食醋的鲜味并参与色素的形成。

（三）酯化反应（Esterification）

酵母菌和醋酸菌在代谢过程中产生的部分有机酸与醇结合生成酯类，在陈酿过程中愈加充分，赋予食醋芳香气味。

三、生产原料（Raw materials）

主料以含淀粉或糖的薯类、谷类、糖蜜、果蔬类或乙醇为原料，辅料有麸皮、酒糟等，填充料有谷糠、稻壳等。淀粉质原料固态发酵时需先粉碎，加水蒸料；液态发酵则要先加水浸泡，再煮熟呈粥状，加酶或曲糖化。根据原料不同，产品分米醋（rice vinegar）、麦芽醋（malt vinegar）、葡萄酒醋（wine vinegar）、苹果醋（cider vinegar）、酒醋（spirit vinegar）等。

四、发酵工艺（Fermentation technology）

食醋生产的方法有固态发酵法和液态发酵法。

（一）固态发酵（Solid-state fermentation）

固态发酵是以粮谷类为原料，以大曲、小曲或麸曲为糖化剂，经过糖化、乙醇发酵、乙酸发酵制得成品醋。我国山西老陈醋、四川保宁麸醋多采用此法生产。

优点：醋香浓厚，色泽好。

缺点：所需辅料多，原料利用率低，周期长，易污染，质量不稳定，不适合大规模生产。

以麸曲醋生产为例，固态发酵主要包括 5 个阶段：制曲、淀粉糖化和乙醇发酵、乙酸发酵、淋醋和陈酿（Figure 8-12）。

1. 制曲（Koji preparation）

麸曲是以麸皮为主要原料，接入纯种曲霉培养而成的糖化曲，又称快曲。

2. 淀粉糖化和乙醇发酵（Starch saccharification and alcohol fermentation）

蒸煮冷却的原料拌入麸曲、酒母和水并放入缸或发酵池，边糖化边乙醇发酵，通过翻醅倒缸降温，保持醅温在 30～34℃，5～7d 结束发酵，醅中酒精度可达 7%～8%。

3. 乙酸发酵（Acetic acid fermentation）

向酒醅中拌入砻糠和醋酸菌种子，每天进行翻醅倒缸，以充分供氧和散热降温，约 12d 乙酸含量达 7.0%～7.5%时，在醅表面加入食盐，以控制杂菌及过度发酵，经 48h 后熟结束发酵。

4. 淋醋（Filtering vinegar）

淋醋是将有效成分从醋醅中分离出来的过程。浸出和过滤在同一设备中进行，设备中的假底有利于过滤和收集醋液。

5. 陈酿（Maturation）

陈酿有两种方法，一是将成熟醋醅加盐压实陈酿，数月后淋醋；二是将循环淋醋法淋出的醋液贮存在大坛中 1～2 个月。陈酿的食醋香味醇厚，澄清透明，再经配兑和灭菌出厂。

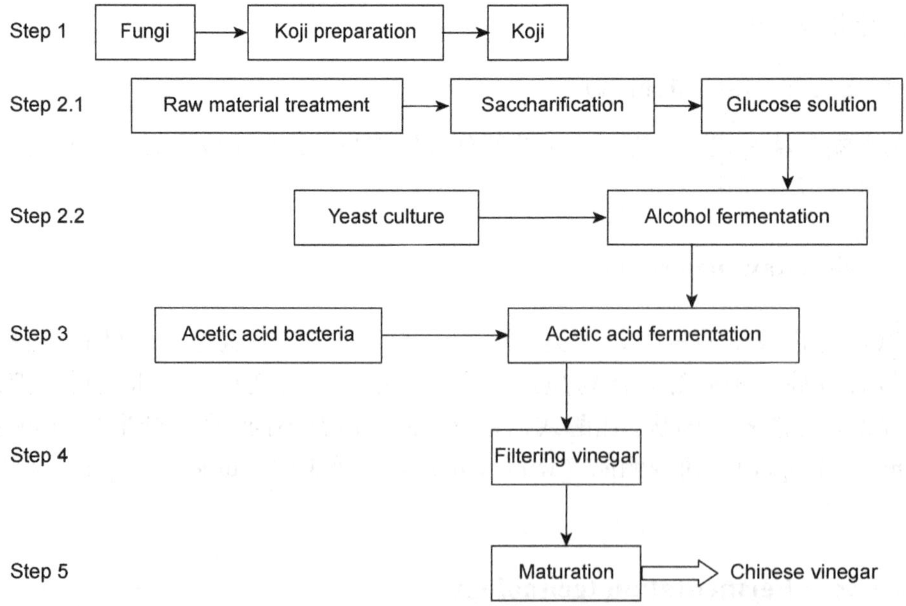

Figure 8-12　General flowchart of solid-state fermentation for Chinese vinegar

（二）液态发酵（Liquid-state fermentation）

液体表面发酵法、通风回流发酵法、液体深层发酵法均属于液态发酵法。

1. 液体表面发酵法（Liquid-surface fermentation）

是以葡萄酒、苹果酒或米酒为原料，利用醋酸菌在发酵液表面生长产生乙酸的传统酿醋方法。特点是发酵时间较长，醋的风味好。部分果醋采用此法生产。

2. 通风回流发酵法（Ventilation and reflux fermentation）

利用 α-淀粉酶和麸曲对原料进行液化和糖化，接入酒母进行液态乙醇发酵，再拌入生麸皮并接入醋母进行乙酸发酵。该法利用发酵容器的假底和通风洞保证氧气供给，利用醋汁回流调节发酵温度，通过反复浇淋，促进醋酸菌快速将乙醇氧化成乙酸（Figure 8-13）。

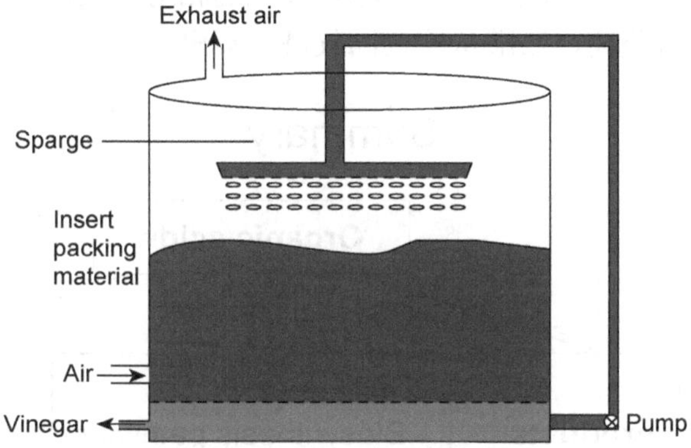

Figure 8-13　Tricking generator system

3. 液体深层发酵法（Submerged fermentation）

我国通常采用自吸式发酵罐生产食醋，优点是机械化程度高、发酵周期短、原料利用率与醇酸转化率均较高；缺点是生产的食醋风味和色泽欠佳。甘薯醋、果醋、白醋多采用此法生产。

Box 8-8　Fermentation process of Chinese vinegar

Traditional production process of Chinese vinegar includes five stages: koji preparation, saccharification and alcohol fermentation, acetic acid fermentation, filtering vinegar, maturation. According to preparation method, koji is classified into: great koji, mini koji, bran koji, wheat koji, herb koji and red-rice koji. The dominant microorganisms in koji are various moulds, such as *Aspergillus, Rhizopus*. Saccharification and alcohol fermentation are initiated by addition of koji and culture yeast to starch materials. The fermented broth or solids from the alcohol fermentation are mixed with wheat bran and vinegar seeds which is parent vinegar or an inoculum of *Acetobacterium*. Storage is a common method for maturation with adding salt and sealing the surface of the fermented solid substrate or using solarization and ice removal to concentrate the broth. Flavor substances, such as esters, are formed by chemical reactions during maturation.

五、下游加工过程（Downstream processing）

工业用乙酸通常采用乙醇为原料进行发酵生产，由于乙酸产品比食醋的纯度要求高，因此需要对乙酸进行提取纯化，常用共沸精馏法和萃取精馏法。

1. 共沸精馏（Azeotropic distillation）

向分离液中加入适当的分离媒剂（夹带剂），如乙酸乙酯、乙酸丙酯或乙酸丁酯，夹带剂与水形成两元恒沸物从塔顶蒸出，水和乙酸分离，在塔釜即得乙酸产品。

2. 萃取精馏（Extractive distillation）

向精馏系统中加入某种高沸点溶剂，如某些含氮类有机化合物，该溶剂通过较强的酸碱络合作用与乙酸形成络合物，有效提高了乙酸-水体系的相对挥发度，水从萃取精馏塔顶蒸出，乙酸和溶剂在溶剂回收塔分离，乙酸从溶剂回收塔顶蒸出。

Summary

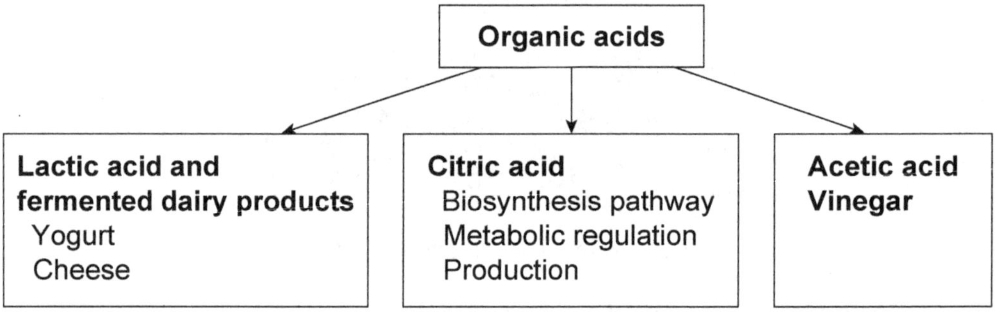

Review Questions

1. Compare the differences between homolactic fermentation and heterolactic fermentation, yogurt and cheese.

2. Illustrate the metabolic regulation mechanisms of citric acid.

3. State the biosynthesis pathway of acetic acid.

第九章　氨基酸与核苷酸

Amino Acids and Nucleotides

Amino acids can be utilized as food additives, feed supplements, therapeutic agents and precursors for synthesis of peptides or agrochemicals. They are generally made by fermentation from cheap carbon and nitrogen sources. Glutamic acid is produced from the fermentation of *Corynebacterium glutamicum*, *Brevibacterium flavum* or *C. pekinense* and accumulated in the medium under biotin-limited condition or with auxotrophic strains on oleic acid or glycerol. Overproduction of glutamic acid is achieved by controlling the fermentation conditions, such as temperature, pH, DO and foam. Purification of glutamic acid involves several steps including centrifugation, active carbon adsorption, evaporation, crystallization, ion-exchange and so on. Lysine and threonine belong to amino acids of aspartate family. The two amino acids are produced by auxotrophic and analogues resistant mutants.

Sodium salts of inosine monophosphate (IMP) and guanosine monophosphate (GMP) are potential flavor enhancers. The industrial production of both IMP and GMP is mainly achieved either by RNA hydrolysis and nucleotide extraction or by microbial fermentation using different microorganisms such as *Corynebacterium*, *Bacillus*, or *Escherichia coli*. The metabolic pathways and regulatory networks of purine synthesis of IMP and GMP, and their biotechnological processes may offer a basis to further increase productivity of the nucleotide fermentation.

第一节　氨　基　酸

Amino Acids

氨基酸是组成蛋白质的基本单位，在保健品、调味品、化妆品及医药行业中应用广泛。在各种氨基酸中，以谷氨酸产量最大，赖氨酸次之。氨基酸的生产方法包括从天然物质中提取（蛋白质水解）、化学合成法、微生物发酵法及酶催化法等，其中以微生物发酵法和酶催化法生产为主。

一、谷氨酸（Glutamic acid，GA）

在食品工业中，L-谷氨酸单钠一水化物，俗称味精（monosodium glutamate, MSG），有强烈的肉类鲜味，常作为鲜味剂使用。

（一）菌种（Strains）

1. 种类（Types）

谷氨酸生产菌多属于棒杆菌（*Corynebacterium*）、短杆菌（*Brevibacterium*）、节杆菌

（*Arthobacter*）和小杆菌（*Microbacterium*）等属。国内常用的生产菌株有谷氨酸棒杆菌、黄色短杆菌、北京棒杆菌、钝齿棒杆菌（Table 9-1）。

Table 9-1 Different types of glutamic acid-producing strains

Genus	Species
Corynebacterium	*C. glutamicum*（谷氨酸棒杆菌） *C. pekinense*（北京棒杆菌） *C. crenatum*（钝齿棒杆菌） *C. callunae*（美棒杆菌） *C. herculis*（力士棒杆菌）
Brevibacterium	*B. divaricatum*（叉开短杆菌） *B. ammoniagenes*（产氨短杆菌） *B. flavum*（黄色短杆菌） *B. lactofermentum*（乳糖发酵短杆菌） *B. thiogenitalis*（硫殖短杆菌）
Microbacterium	*M. ammoniaphilum*（嗜氨小杆菌）
Arthrobacter	*A. globiformis*（球形节杆菌）

2. 特征（Characteristics）

1）细胞呈球形、棒形或短杆形；

2）革兰氏阳性，无鞭毛、不运动，需氧，不形成芽孢；

3）以生物素（biotin）作为生长因子。

（二）生物合成途径（Biosynthesis pathway）

谷氨酸的生物合成途径主要有糖酵解途径、磷酸戊糖途径、三羧酸循环、乙醛酸循环、二氧化碳固定反应和还原氨基化反应（Figure 9-1）。

1. 糖酵解途径（Glycolytic pathway，EMP pathway）

葡萄糖经 EMP 途径生成丙酮酸及 ATP 和 NADH。

2. 磷酸戊糖途径[Pentose phosphate pathway，hexose mono phosphate pathway（HMP）]

少量葡萄糖经 HMP 途径生成丙酮酸（pyruvate）；提供构建菌体细胞所需物质（如核糖），以及 α-酮戊二酸（α-oxoglutarate，α-ketoglutarate）还原氨基化所需的供氢体。

3. 二氧化碳固定反应（Carbon dioxide fixation reaction）

一部分丙酮酸在丙酮酸脱氢酶（pyruvate dehydrogenase）的作用下氧化脱羧生成乙酰 CoA（acetyl-CoA），另一部分经 CO_2 固定反应生成草酰乙酸（oxaloacetic acid）或苹果酸（malic acid）。

4. 三羧酸循环（Tricarboxylic acid cycle，TCA cycle）

草酰乙酸与乙酰 CoA 在柠檬酸合成酶（citrate synthase）催化下，缩合生成柠檬酸，进入三羧酸循环，生成的异柠檬酸（isocitrate）在异柠檬酸脱氢酶（isocitrate dehydrogenase）的作用下生成 α-酮戊二酸。

5. 还原氨基化反应（Reductive amination reaction）

α-酮戊二酸在谷氨酸脱氢酶（glutamate dehydrogenase）的作用下，还原氨基化生成谷氨酸。

还原氨基化反应方程式为

$$\alpha\text{-ketoglutarate} + NH_4^+ + NADPH_2 \rightleftharpoons \text{Glutamic acid} + NADP + H_2O$$

6. 乙醛酸循环（Glyoxylate cycle）

在菌体生长期，通过乙醛酸循环补充能量和生物合成所需的中间产物；在产酸期，因生物素亚适量，异柠檬酸裂解酶几乎没有活性，从而封闭乙醛酸循环。

由葡萄糖合成谷氨酸的总反应方程式为

$$C_6H_{12}O_6+NH_3+1.5O_2 \longrightarrow C_5H_9O_4N+CO_2+3H_2O$$

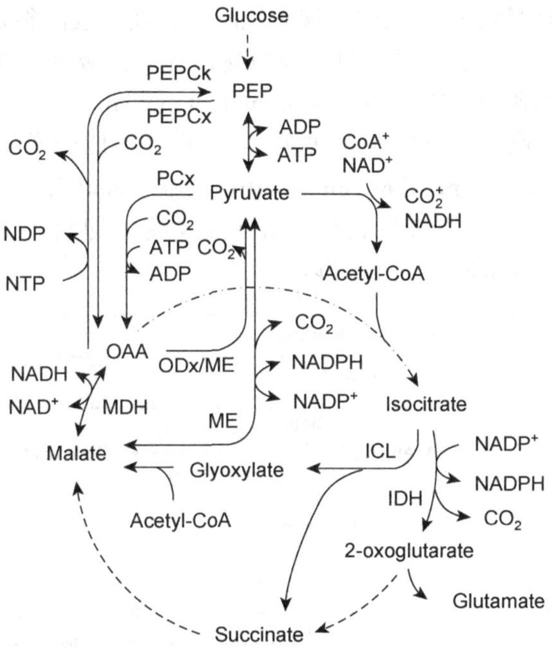

Figure 9-1　Biosynthesis of glutamic acid from glucose

（三）代谢调控（Metabolic regulation）

菌体在正常生理条件下不积累谷氨酸，只有生理代谢发生特异性改变并配以合适的外界条件时，才能大量积累谷氨酸。

1. 生化特征（Biochemical characteristics）

1）有固定二氧化碳的苹果酸酶（malic enzyme, ME）和丙酮酸羧化酶（pyruvic carboxylase，PCx），使 TCA 循环的中间代谢物得到补充。

2）α-酮戊二酸脱氢酶的活性很弱，有利于 α-酮戊二酸的积累。

3）异柠檬酸脱氢酶（isocitrate dehydrogenase，IDH）活力强，异柠檬酸裂解酶（isocitrate lyase，ICL）活力弱，有利于谷氨酸前体物 α-酮戊二酸的生成。

4）谷氨酸脱氢酶活力强，有利于谷氨酸的生成。

5）经呼吸链氧化 $NADPH_2$ 能力弱，保证还原氨基化反应有足够的供氢体。

6）菌体本身分解转化和利用谷氨酸的能力低，有利于谷氨酸的积累。

7）细胞膜透性强，胞内合成的谷氨酸能很快分泌到胞外，克服终产物的反馈抑制与阻遏。

2. 调节机制（Regulatory mechanisms）

供氢体 $NADPH_2$ 再氧化能力弱，使 α-酮戊二酸生成琥珀酸（succinic acid）的过程受阻，过量氨离子存在时，α-酮戊二酸经还原氨基化反应生成谷氨酸；通过控制生物素亚适量，引起菌体代谢失调并增强了细胞膜渗透性，使谷氨酸分泌于菌体外成为最终产物。

（1）优先合成与反馈抑制（Preferential synthesis and feedback inhibition）

由草酰乙酸（oxaloacetic acid，OAA）可以合成谷氨酸和天冬氨酸，当天冬氨酸过量时，反馈抑制磷酸烯醇式丙酮酸羧化酶（phosphoenol pyruvate carboxylase，PEPCx），停止草酰乙酸的合成；当谷氨酸过量时，反馈抑制谷氨酸脱氢酶，使生物合成转向天冬氨酸，所以正常情况下谷氨酸并不积累。

由于谷氨酸生产菌有微弱的 α-酮戊二酸脱氢酶活力及很强的谷氨酸脱氢酶活力，因而谷氨酸比天冬氨酸优先合成，且合成的谷氨酸及时排出体外，减少了谷氨酸的反馈抑制。

（2）生物素对代谢的影响（Effect of biotin on metabolism）

若生物素充足，异柠檬酸裂解酶活力增强，乙醛酸循环比例增加，不利于谷氨酸的积累。

3. 控制细胞膜渗透性（Control of cell membrane permeability）

谷氨酸及时分泌到胞外，能够降低对谷氨酸脱氢酶的抑制，使谷氨酸的生成途径畅通（Figure 9-2）。细胞膜通透性的控制方法有以下几种。

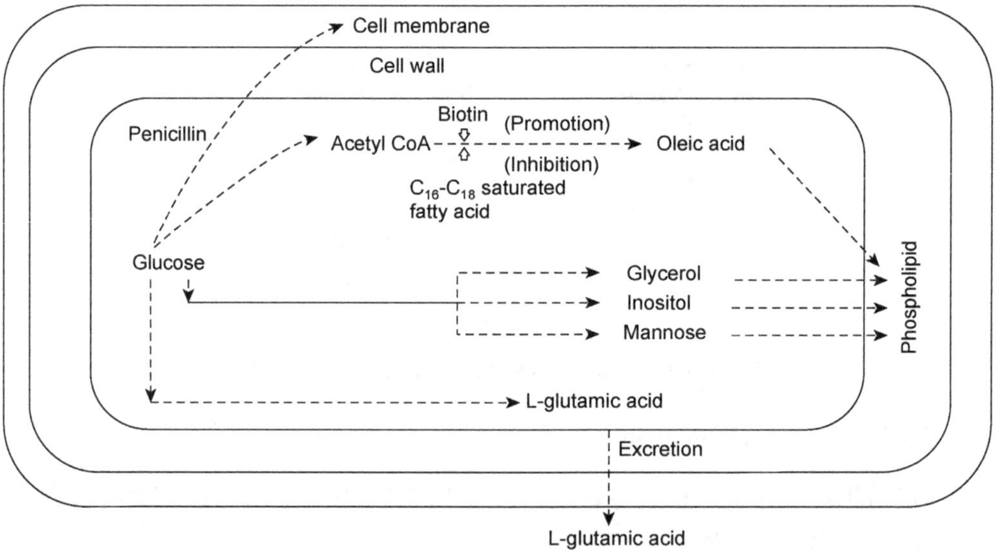

Figure 9-2　Cell permeability of L-glutamic acid in relation to phospholipids contents in cell membrane

（1）控制细胞膜磷脂的合成（Control of phospholipid synthesis in cell membrane）

以下缺陷型均可影响细胞膜磷脂的合成并导致细胞膜的渗透性增加。

1)生物素缺陷型:生物素是催化脂肪酸生物合成的关键酶——乙酰辅酶 A 羧化酶的辅酶，参与脂肪酸的生物合成，进而影响细胞膜磷脂的合成，当磷脂合成减少到正常量一半左右时，细胞变形，谷氨酸外渗。

2）油酸缺陷型：丧失了自身合成油酸（oleic acid）即脂肪酸的能力，通过控制发酵培养基中油酸的浓度可控制磷脂的合成。

3）甘油缺陷型：由于缺乏 α-磷酸甘油脱氢酶，自身不能合成 α-磷酸甘油和磷脂，因而通过甘油（glycerol）限量可控制磷脂的合成。

另外，还可添加表面活性剂，如吐温-60 或饱和脂肪酸（C_{16}～C_{18}），作为生物素的拮抗物，通过拮抗脂肪酸的生物合成而使磷脂合成不足。

（2）控制细胞壁的合成（Control of cell wall synthesis）

在对数生长期添加青霉素（penicillin）或头孢霉素 C 等抗生素，可抑制细胞壁糖肽的生物合成，使细胞壁网状结构不能正常连接，从而形成不完整的细胞壁，在膜内外渗透压差的作用下，细胞质膜发生机械损伤，渗透性得以增强。

Box 9-1　Glutamic acid biosynthesis and secretion mechanisms

Glutamic acid is converted from α-ketoglutaric acid. The properties of α-ketoglutarate dehydrogenase (KD) of GA-producing bacteria are favourable for the preferential synthesis of GA from α-ketoglutaric acid, preventing the further oxidation of α-ketoglutaric acid to CO_2 and H_2O via succinyl-CoA.

Intracellular GA is excreted because of the plasma permeability. Biotin plays an important role in membrane permeability. It is a cofactor of acetyl-CoA carboxylase, the first enzyme in the biosynthesis of oleic acid. C_{16}-C_{18} saturated fatty acids inhibit the biosynthesis of oleic acid by repressing acetyl-CoA carboxylase. The accumulation of GA reaches maximum when the biotin concentration is suboptimal for the maximal growth. GA-producing cells can excrete intracellular GA with limited biotin or with excess biotin and treated with either penicillin or Tween-60.

（四）发酵工艺（Fermentation technology）

淀粉质原料经酸解或酶解生成淀粉水解糖，灭菌后投入菌种，在一定温度、pH 及通入无菌空气的条件下发酵，当 pH 下降时，流加尿素或氨水控制 pH 呈微碱性，发酵结束后采用等电点沉淀或金属盐沉淀等方法提取谷氨酸。

1. 原料（Raw materials）

国内常用淀粉水解糖为碳源，国外大多用糖蜜。常用氮源为氨水和尿素（urea），谷氨酸发酵所需氮源比一般发酵工业高，一般发酵工业的碳氮比为 100∶（0.5～2），而谷氨酸发酵的碳氮比为 100∶（20～30）。可用作碳氮源的一些农副产品，如糖蜜、玉米浆、麸皮水解液等还可作为生物素的来源。

2. 发酵条件（Fermentation conditions）

谷氨酸发酵中，应控制好生物素、磷、NH_4^+、pH、溶氧及温度等条件，使菌体代谢处于有利于积累谷氨酸的状态。

1）温度的控制：发酵前期（0～12h）是菌体生长繁殖阶段，控温在 30～32℃；发酵中后期（12h 以后），菌体增殖变慢，谷氨酸大量合成，控温在 34～37℃。

2）pH 的控制：由于谷氨酸脱氢酶和转氨酶在中性或弱碱性条件下活性最高，因而中性或微碱性条件有利于谷氨酸的积累，酸性条件易形成谷氨酰胺和 *N*-乙酰谷氨酰胺。发酵中后期，氮源不足、pH 下降，需要流加氨水或尿素以维持发酵液的 pH 在 7.0～7.2。

3）溶氧的控制：溶氧要适当。若通气搅拌不足，丙酮酸不完全氧化，会产生大量乳酸和琥珀酸。通风量过大，供氢体 $NADPH_2$ 经呼吸链被氧化，导致 α-酮戊二酸大量积累，谷氨酸的生成量减少。

谷氨酸钠（味精）的发酵生产流程见 Figure 9-3。

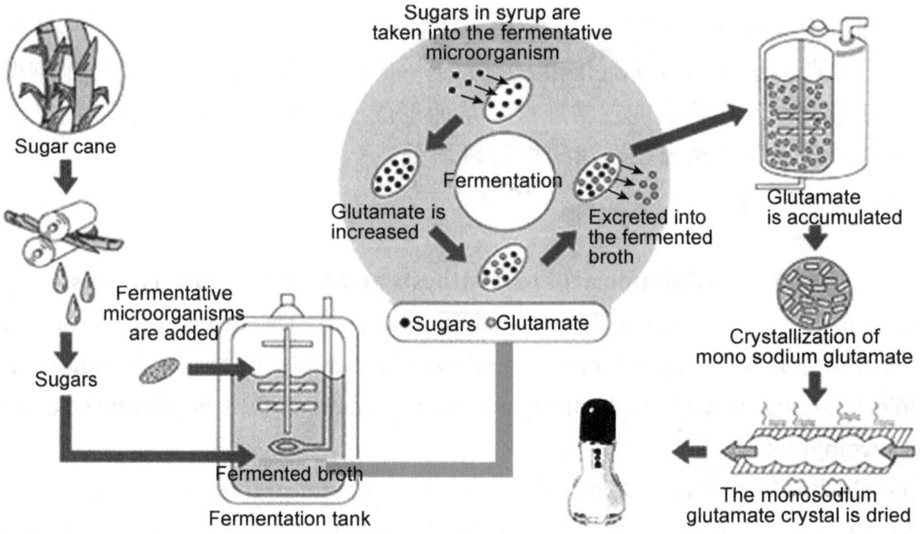

Figure 9-3 An overview of L-glutamate production

Box 9-2 Upstream production of glutamic acid

Strains Most of GA-producing bacteria are gram positive, nonspore-forming, non-motile and require biotin for growth, e.g. *Corynebacterium*, *Brevibacterium*, *Arthrobacter*, *Microbacterium*.

Raw materials GA fermentation needs relatively pure sugars and some amounts of nitrogenous nutrients. Carbon sources like glucose, fructose, sucrose, maltose, ribose or xylose can be utilized. Ammonium ion and urea are also required to neutralize the acids that are formed during fermentation. Nutrient supplementation like yeast extract, peptones and other micro-macro inorganic nutrients are necessary. A key growth factor of GA fermentation is the amount of biotin which affects the plasma permeability of GA producing bacteria.

Fermentation conditions These conditions need to be controlled, such as temperature, pH, dissolved oxygen, optical density and foam. Under or over these condition limits are detrimental to accumulation of GA. For example, GA is converted into l-glutamine only with excess ammonium chloride at a weakly acidic pH and α-ketoglutaric acid is accumulated with limited amount of ammonium ion.

（五）下游加工过程（Downstream processing）

谷氨酸的提取方法有等电点结晶(isoelectric crystallization)、离子交换（ion exchange）、金属盐沉淀（metal salt precipitation）和膜分离（membrane separation）等方法。常用等电点结晶法和离子交换法。

谷氨酸是含有 2 个羧基和 1 个氨基的两性电解质，当溶液的 pH 等于谷氨酸的等电点 3.22 时，溶液中大部分是 $GA^{\pm}$两性离子，谷氨酸分子通过静电引力的作用，结合成较大的聚合体而沉淀析出。

发酵液通过离心或过滤除去菌体，用常温等电点结晶法进行结晶，得到谷氨酸晶体和母液；母液再经过离子交换层析除去杂质，浓缩、中和，采用低温等电点结晶法使谷氨酸结晶；晶浆被分离、洗涤得到谷氨酸晶体。

谷氨酸晶型分 α-型晶体和 β-型晶体。α-型晶体为斜方六面晶体，纯度高、颗粒大，低温、冷却速度缓慢或加晶种起晶易得到 α-型晶体。β-型晶体为粉状、针状或鳞片状，又称“轻质谷氨酸”，纯度低、颗粒小，高于 30℃、快速冷却或自然起晶易得到 β-型晶体。生产中要控制条件，避免 β-型晶体析出。

传统谷氨酸提取的工艺流程见 Figure 9-4。

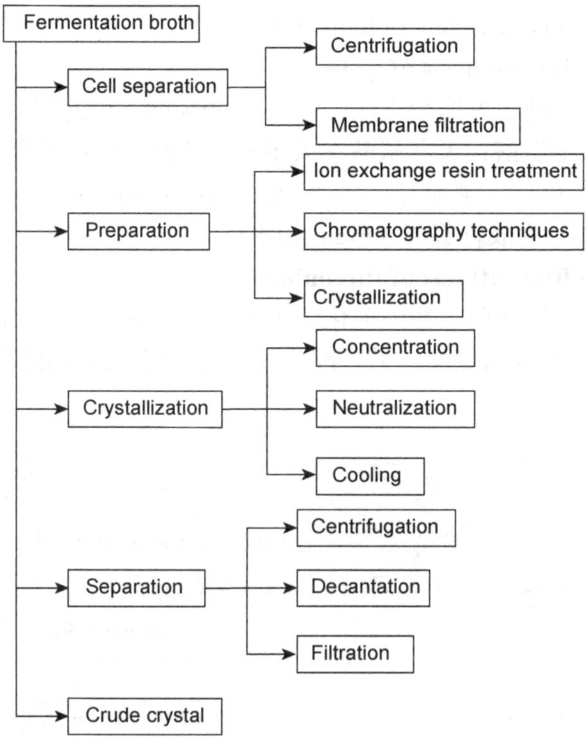

Figure 9-4　Block flow diagram of conventional purification of glutamic acid

Box 9-3　Downstream processing of glutamic acid

GA extraction includes methods of isoelectric crystallization, ion exchange, metal salt precipitation and membrane separation. The traditional downstream processes of GA consist of a number of treatment schemes like centrifugation or filtration, acidification, carbon adsorption and evaporation. Isoelectric crystallization is the common method to extract GA from fermentation broth. Glutamate is firstly concentrated and then acidified with concentrated sulphuric acid. The filtered acid is then treated with activated carbon for decolorization. Heavy metals and other amino acids can be removed by ion exchange, and then the liquid is cooled, crystallized and washed. Membrane separation method can ensure high levels of separation and purification due to its high selectivity and permeability.

二、天冬氨酸族氨基酸（Amino acids of aspartate family）

目前可用发酵法生产的氨基酸有 20 多种，其中赖氨酸（lysine, Lys）、苏氨酸（threonine,

Thr）是从天冬氨酸（aspartate, Asp）衍生而来的人体必需氨基酸，两者均为重要的营养强化剂，已工业化生产。由于谷物食品中的赖氨酸含量很低，且在加工过程中易被破坏而缺乏，故称为第一限制性氨基酸；苏氨酸有促进生长发育和提高免疫功能的作用。

（一）合成与调控（Biosynthesis and regulation)

天冬氨酸族氨基酸包括天冬氨酸、天冬酰胺（asparagine）、蛋氨酸（methionine）、苏氨酸、赖氨酸和异亮氨酸（isoleucine）（Figure 9-5）。

1. 赖氨酸的合成（Biosynthesis of lysine）

在细菌中，葡萄糖经糖酵解途径生成丙酮酸，丙酮酸经 CO_2 固定反应生成四碳二羧酸，后经氨基化反应生成天冬氨酸；天冬氨酸在天冬氨酸激酶等酶的催化下，生成天冬氨酸半醛（aspartic semialdehyde）、二氢吡啶-二羧酸 (dihydrodipicolinate)，经二氨基庚二酸（diaminopimelate，DAP）生成赖氨酸（Figure 9-5）。

2. 苏氨酸的合成（Biosynthesis of threonine）

天冬氨酸半醛在高丝氨酸脱氢酶的催化下生成高丝氨酸(homoserine)；其中一部分经高半胱氨酸（homocysteine）生成蛋氨酸，另一部分生成苏氨酸，经 α-酮丁酸（α-ketobutyrate）生成异亮氨酸（Figure 9-5）。

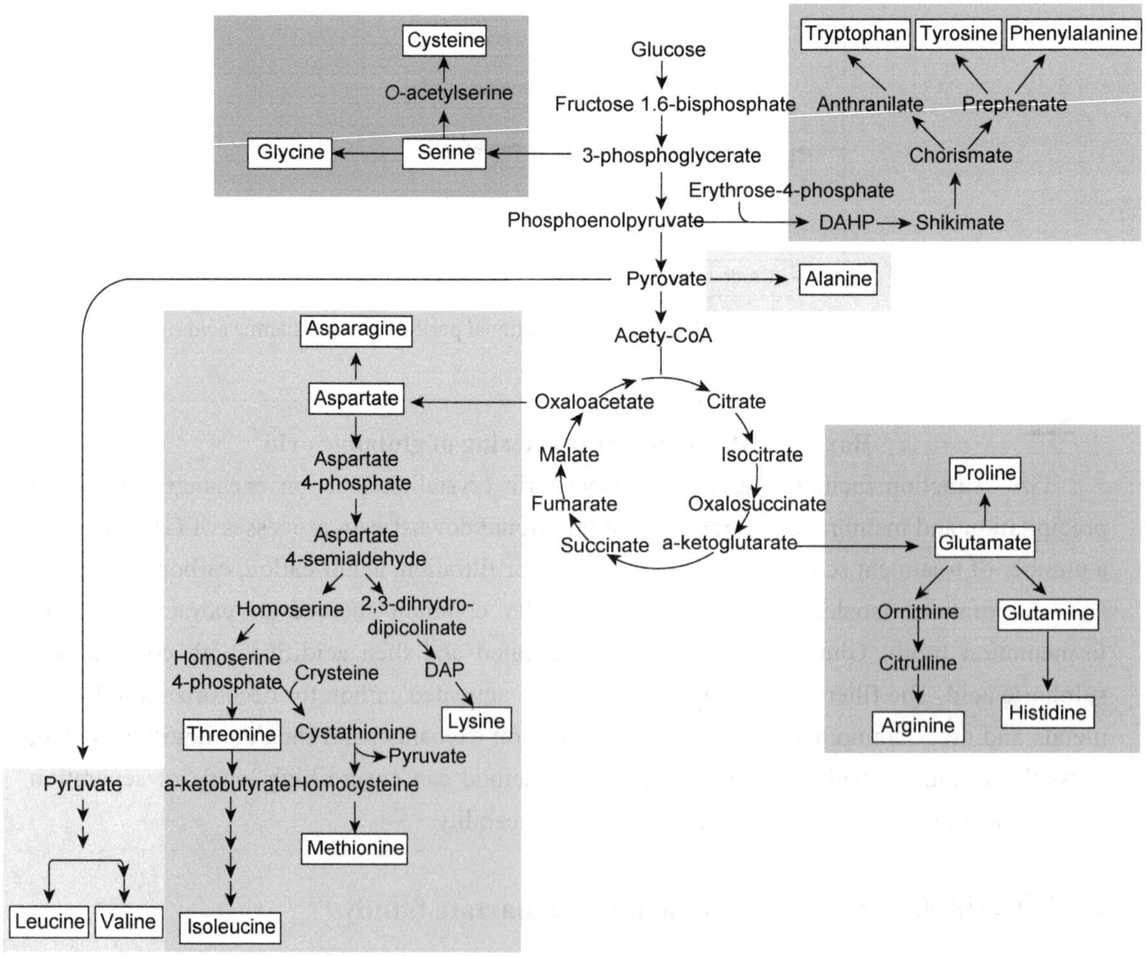

Figure 9-5　Biosynthetic pathways of amino acids

3. 代谢调控（Metabolic regulation）

在天冬氨酸族氨基酸生物合成途径中有两个关键酶，其中天冬氨酸激酶（aspartate kinase）受赖氨酸和苏氨酸的协同反馈抑制，高丝氨酸脱氢酶（homoserine dehydrogenase）受苏氨酸的反馈抑制，为蛋氨酸所阻遏。因此，要选择具有多重标记的营养缺陷型菌株以解除反馈抑制。

Box 9-4　L-lysine biosynthetic pathways

Lysine is an essential amino acid and produced through the aspartate biosynthetic pathway, which is responsible for biosynthesis of aspartate, asparagine, methionine, threonine, lysine and isoleucine. Initially aspartate is phosphorylated by aspartate kinase, and then converted to d, l-diaminopimelate and L-lysine synthesis. Succinylase and dehydrogenase synthetic pathways exist side by side. The flux distribution over the two pathways is governed by the ammonium availability. The dehydrogenase is constitutively formed and operates at high concentration of free ammonium, while the succinylase variants are active when the environment is rich in organic nitrogen.

（二）菌种（Strains）

野生棒杆菌仅产少量氨基酸，高产菌株可通过诱变、细胞融合和基因工程的方法获得。生产菌株常采用营养缺陷型、多重营养缺陷型及抗反馈调节突变株、多重抗性突变株等具有特定遗传标记的菌株。

1. 赖氨酸生产菌（Lysine-producing strains）

生产菌株为谷氨酸生产菌的变异株，即高丝氨酸营养缺陷型（homoserine auxotroph）或苏氨酸和蛋氨酸缺陷型（threonine and methionine auxotrophs）兼赖氨酸结构类似物 AEC（S-β-aminoethyl-L-cysteine）抗性突变株，理想的赖氨酸生产菌为 hom$^-$+AEC^R 菌株。该生产菌失去了合成高丝氨酸和苏氨酸的能力，若苏氨酸限量，则解除了赖氨酸和苏氨酸对关键酶天冬氨酸激酶的协同反馈抑制，使中间代谢产物天冬氨酸半醛沿赖氨酸合成途径代谢。

2. 苏氨酸生产菌（Threonine-producing strains）

生产菌株为黄色短杆菌或谷氨酸棒杆菌的变异株，即具有多重标记的（DAP$^-$+met$^-$+lys$^-$）营养缺陷型兼苏氨酸结构类似物 AHV（2-amino-3-hydroxyvaleric acid）抗性突变株，即 DAP$^-$+met$^-$, lys$^-$+AHV^R+Ile$^-$菌株。

（三）氨基酸的生产（Production of amino acids）

1. 影响因素（Influence factors）

天冬氨酸族氨基酸发酵要防止生产菌的回复突变，在溶氧、温度、pH 等条件的控制方面与谷氨酸类似，不同点在于以下两点。

1）生物素：胞内谷氨酸的积累将反馈抑制谷氨酸脱氢酶，使代谢流转向合成天冬氨酸，因此天冬氨酸族氨基酸发酵要求细胞膜合成完整，防止谷氨酸从胞内渗透到胞外。另外，由于生物素是丙酮酸羧化酶的辅酶，有利于丙酮酸的羧化反应，因此，天冬氨酸族氨基酸发酵要求生物素过量。

2）营养缺陷型营养物：由于某些营养缺陷型营养物，如赖氨酸，既是苏氨酸营养缺陷型的营养物，也是关键酶天冬氨酸激酶的反馈抑制剂，因此，营养缺陷型营养物的添加要控制在亚适量。

2. 下游加工过程（Downstream processing）

赖氨酸和苏氨酸的下游提取一般先经过离心或过滤除去菌体，再经离子交换、浓缩和结晶等过程获得产品。

除去菌体的发酵液先经盐酸或硫酸调至酸性，过离子交换柱后，用碱洗脱，洗脱液再经浓缩、盐酸中和、结晶，得赖氨酸或赖氨酸·盐酸（Lys·HCl）。赖氨酸发酵液也可不经除菌体，直接经喷雾干燥并造粒制得成品，仅有一步操作过程，产品为赖氨酸硫酸或盐酸盐（Figure 9-6）。

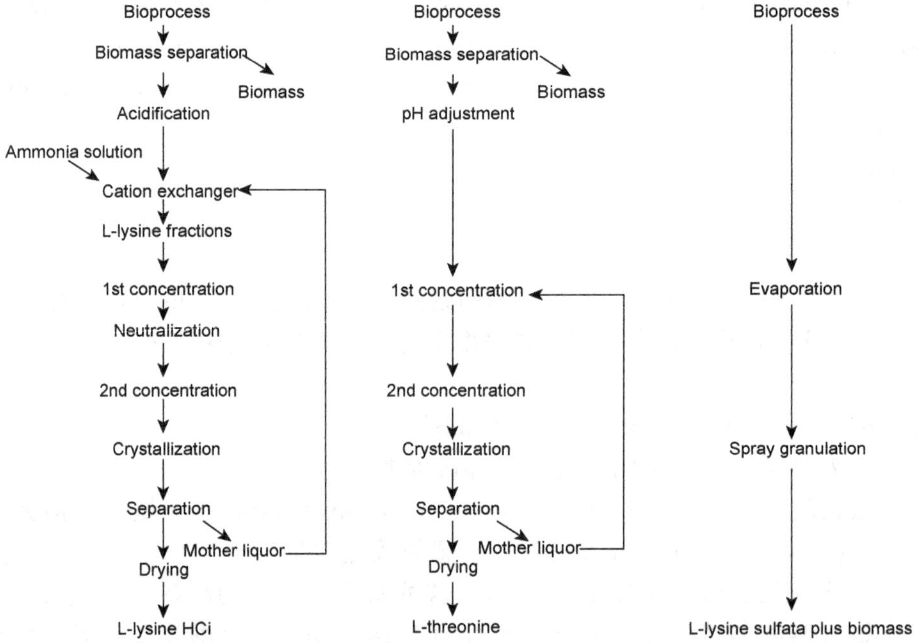

Figure 9-6 Comparison of downstream processes for production of L-lysine· HCl using ion exchange, L-threonine using crystallization steps and a biomass containing L-lysine by spray granulation

第二节 核 苷 酸

Nucleotides

核苷酸（nucleotide）和核苷（nucleoside）是构成核酸（nucleic acid）DNA 和 RNA 的基本结构成分，也是能量载体（ATP 和 GTP）、辅酶因子（NAD^+ 和 $NADP^+$）和维生素（VB_1、VB_2 和 VB_9）的组成成分。

核苷酸脱去磷酸后的碱基称为核苷。肌苷酸（inosine monophosphate，IMP）、鸟苷酸（guanosine monophosphate，GMP）、肌苷（inosine）和鸟苷（guanosine）广泛应用于食品和医药工业。在食品工业中，IMP、GMP 和味精混合作为鲜味剂使用。肌苷和鸟苷作为临床药物均有抗氧化、营养神经的作用，肌苷还有强心和免疫调节作用。

一、生物合成途径（Biosynthesis pathway）

IMP 也称次黄嘌呤核苷酸，IMP 和 GMP 都是嘌呤生物合成途径的代谢产物。IMP 的生物合成途径也称 *de novo* 途径（Figure 9-7），具体过程如下。

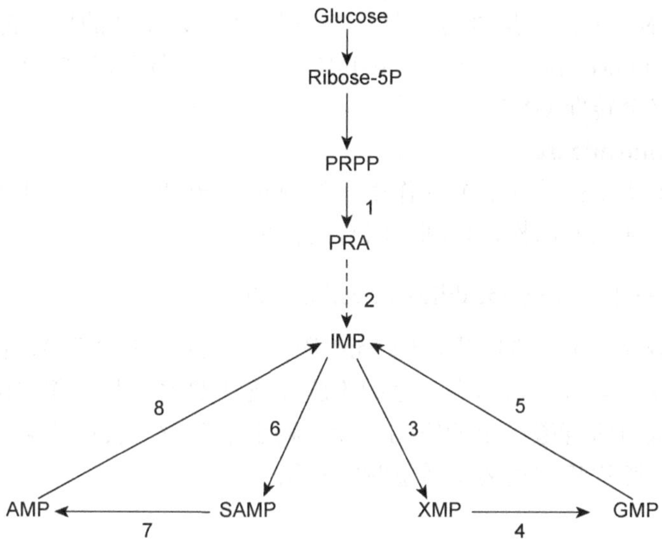

Figure 9-7　The general purine nucleotide biosynthesis pathway

1. PRPP amidotransferase; 2. Series of nine reactions towards IMP; 3. IMP dehydrogenase; 4. GMP synthetase; 5. GMP reductase; 6. SAMP synthetase; 7. SAMP lyase; 8. AMP deaminase

1. 由葡萄糖生成 IMP（Production of IMP from glucose）

葡萄糖经 HMP 途径生成 5′-磷酸核糖，再转化生成磷酸核糖焦磷酸（phosphoribosyl pyrophosphate，PRPP），共经 11 步酶促反应合成 IMP。

2. 由 IMP 生成 AMP 和 GMP（Production of AMP and GMP from IMP）

从 IMP 分出的两条转化路线如下。

1）IMP 在肌苷酸脱氢酶（IMP dehydrogenase）作用下生成黄苷酸（xanthosine monophosphate, XMP），在鸟苷酸合成酶（GMP synthetase）作用下生成 GMP，在鸟苷酸还原酶（GMP reductase）作用下生成 IMP。

2）IMP 在腺苷酸琥珀酸合成酶（adenylosuccinate synthetase，SAMP synthetase）作用下生成腺苷酸琥珀酸（SAMP），在腺苷酸琥珀酸裂解酶（SAMP lyase）作用下生成腺苷酸（adenosine monophosphate，AMP），再经腺苷酸脱氨酶（AMP deaminase）作用生成 IMP。

二、代谢调控（Metabolic regulation）

生物体内的核苷酸调控，一种是通过产物的反馈抑制进行代谢水平的调节；另一种是转录水平的调节。

（一）关键酶的调控（Regulation of key enzymes）

1. 磷酸核糖焦磷酸转酰胺酶（PRPP amidotransferase）

PRPP 转酰胺酶是核苷酸合成中的第一个关键酶，催化磷酸核糖焦磷酸（phosphoribosyl

pyrophosphate，PRPP）生成 5′-磷酸核糖胺（5′-phosphoribosylamine，PRA），该酶受 AMP、GMP 及 ATP 的反馈抑制，也受 IMP 和 GMP 的阻遏。GMP 和 AMP 协同反馈抑制 PRPP 转酰胺酶的形成。

2. IMP 脱氢酶和 SAMP 合成酶 (IMP dehydrogenase and SAMP synthetase)

IMP 脱氢酶和 SAMP 合成酶分别是由 IMP 到 GMP 和 AMP 合成途径的第一个酶，分别受其产物 GMP 和 AMP 的反馈抑制与阻遏。GMP 还原酶受 ATP 的反馈抑制；AMP 脱氨酶受 GTP 的反馈抑制，当 GMP 浓度较高时，从 IMP 开始的代谢流会转向合成 AMP；当 AMP 浓度较高时，代谢流就会转向 GMP。

3. 肌苷酸酶（Inosinicase）

肌苷酸酶（次黄嘌呤核苷酸酶）的作用是将 IMP 水解成肌苷，由于 IMP 的膜渗透性差，必须筛选肌苷酸酶活性强的菌株，以利于肌苷的积累。

（二）细胞膜的渗透性（Permeability of cell membrane）

细胞膜对肌苷酸存在透过性障碍，但 Mn^{2+}限量时（20μg/L 以下），在培养后期会出现细胞伸长、膨润或不规则形等异常形态，且细胞膜通透性增大，肌苷酸排出胞外，因而可降低反馈抑制和反馈阻遏对肌苷酸产量的影响。而生物素限量时，会影响菌体的生长，所以肌苷酸是在生物素充足、腺嘌呤和锰离子适量时才积累。

Box 9-5　Nucleotides

Nucleotides are necessary for a variety of cellular processes and useful for pharmaceutical and food industry, such as IMP, GMP and AMP. Nucleotides can be synthesized through either the *de novo* pathway or the salvage pathway. In the *de novo* pathway, glucose is converted to ribose-5-phosphate during the pentose phosphate pathway, which is used for both purine and pyrimidine synthesis. Purines are made by directly assembling the atoms onto ribose-5-phosphate through 11 steps. This yields inosine monophosphate (IMP), which is further modified to produce adenosine monophosphate (AMP) and guanosine monophosphate (GMP). Nucleotides are usually produced by two-step fermentation with mutants of *Bacillus subtilis*.

三、菌种（Strains）

嘌呤核苷酸生产菌是指能合成嘌呤及其衍生物的菌株，能工业化生产核苷酸的菌种有：枯草芽孢杆菌（*B. subtilis*）、酿酒酵母（*S. cerevisiae*）、谷氨酸棒杆菌（*C. glutamicum*）、产氨短杆菌（*B. ammoniagenes*）等。肌苷和鸟苷都是以枯草芽孢杆菌的腺嘌呤缺陷型（adenine auxotrophs）菌株作为出发菌株，再利用诱变、基因工程等手段增加其他遗传标记（如缺陷型和抗结构类似物）以提高产量（Figure 9-8）。

（一）肌苷生产菌的特点（Characteristics of inosine-producing strains）

常用的肌苷生产菌是腺嘌呤和鸟嘌呤的缺陷型（adenine and guanine auxotrophs）及抗 8-杂氮鸟嘌呤和抗磺胺胍的菌株。有的菌株需要再增加维生素 B_1 和组氨酸缺陷型两个遗传标记，有助于肌苷酸产量的提高。

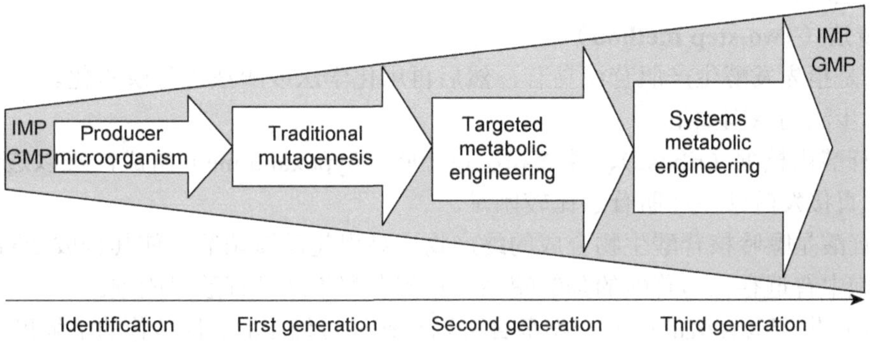

Figure 9-8　Time-line evolution of IMP and GMP production by fermentation

肌苷生产菌的特点如下。

1）解除 AMP、GMP 对 PRPP 转酰胺酶的反馈抑制。

2）核酸酶活性弱，积累的肌苷不被分解。

3）IMP 脱氢酶及 SAMP 合成酶缺失。

4）次黄嘌呤核苷酸酶活性强，使胞内的 IMP 能快速分解为肌苷。

（二）鸟苷生产菌的特点（Characteristics of guanosine-producing strains）

选用带腺嘌呤缺陷和组氨酸缺陷的双重遗传标记或腺嘌呤缺陷型、抗 8-杂氮鸟嘌呤、抗磺胺胍、抗狭霉素 C、抗德夸菌素 5 个遗传标记的菌株作为鸟苷高产菌株。

鸟苷高产菌株的特点如下。

1）丧失 SAMP 合成酶活性，切断 IMP 到 AMP 的通路；GMP 还原酶活性丧失，生成的 GMP 不再变为 IMP。

2）核酸酶活性弱，积累的鸟苷不被分解。

3）解除 GMP 对 PRPP 转酰胺酶、IMP 脱氢酶及 GMP 合成酶的反馈抑制与反馈阻遏。

4）由 IMP 脱氢酶及 GMP 合成酶催化的反应比核苷酸酶催化的反应优先进行，从而抑制肌苷的产生，高效率地积累鸟苷。

四、生产工艺（Production technology）

工业化生产 IMP 和 GMP 的方法有酶解法和发酵法，发酵法包括直接发酵法（一步法）和转化法（二步法）。

（一）RNA 酶解法（RNA enzymolysis）

先用糖质原料发酵生产酵母，再从酵母菌中提取核糖核酸，经 RNA 水解酶酶解制成单核苷酸并提取，具体参见本书的探索性实验部分。

（二）发酵法（Fermentation method）

1. 一步法（One-step method）

一步法是以淀粉水解糖或糖蜜为原料，添加无机氮或有机氮、无机盐及含各种嘌呤的酵母膏或嘌呤前体物（如 L-谷氨酸钠）等生成肌苷酸的过程。直接发酵法鸟苷酸产酸率低，未用于工业化生产。

2. 二步法（Two-step method）

二步法是指先发酵生产肌苷或鸟苷，然后再用化学法或酶法进行磷酸化。

采用二步法的原因如下。

1）肌苷酸由核糖（ribose）、磷酸和次黄嘌呤（hypoxanthine）组成，难以透过细胞膜释放到胞外，直接发酵法生产肌苷酸比较困难。

2）鸟苷酸是嘌呤核苷酸生物合成的终产物，易引起反馈调节，使其合成受阻。

3）细胞中普遍存在鸟苷酸的降解酶系，直接发酵生产鸟苷酸很困难。

4）二步法生产鸟苷酸的中间产物鸟苷可以直接通过细胞膜，且鸟苷的溶解度低，易析出，相对减弱了反馈调节的强度，有利于积累鸟苷。

二步法的工艺过程如下。

1）肌苷和鸟苷发酵：均属好氧发酵，控制适当的温度、pH（微酸性）和通气量。在核苷发酵中，初始糖浓度过高对核苷的生成有抑制作用，宜采用补料分批培养的方法。发酵结束后经过滤、结晶等提取工艺，得核苷产品。

2）磷酸化：采用核苷磷酸化转移酶和化学法进行磷酸化。酶法的主要问题是除 5′-磷酸产物外，还有 2′-位、3′-位的异构体。化学法包括 2′-位、3′-位保护的磷酸化方法和无保护核苷的选择性磷酸化法。

Summary

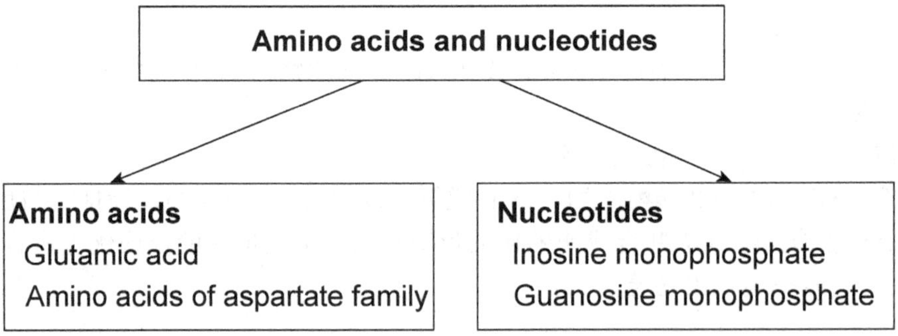

Review Questions

1. Please design a scheme of α-ketoglutaric acid accumulation using sugar and *Corynebacterium glutamicum*.

2. How are lysine and threonine produced with auxotroph mutants at an industrial-scale?

3. Please state the biosynthesis pathway of IMP.

第十章　微生物保健食品与食品添加剂
Microbial Health Foods and Food Additives

Health foods can provide benefits to human body due to their healthy components or ingredients. This chapter deals only with functional foods related with microorganisms or microbial technology which include oligosaccharides, fungal polysaccharides, active peptides and probiotics. These products are intended to supplement person's diet, but not used as meal replacement. Therefore, they are labeled as dietary supplements, which influence our body's functions and reduce risks of chronic illnesses and debilitating diseases.

Food additives are the substances which added to foods for preserving flavor or enhancing taste and appearance. Microbial-derived food ingredients are important sources in food industry. Among them, microbial polysaccharides such as xanthan gum and pullulan are most commonly used as stabilizer, thickener, emulsifier, texturizers and gelling agents in food industry. These microbial polysaccharides as food additives can enhance the overall food quality, so the production of food additives with microorganisms has opened up a new field of microbial application.

第一节　微生物保健食品
Microbial Health Foods

随着生活水平的不断提高，人们对保健食品的需求也越来越大。保健食品是一类具有营养和感官功能及调节人体某一特殊机能的功能性食品，微生物发酵技术是生产保健食品的重要途径。

一、低聚糖（Oligosaccharides）

低聚糖是一类不被人体利用、但能促进双歧杆菌（*Bifidobacterium*）在人体肠道中增殖的功能性寡糖。

（一）种类（Types）

低聚糖种类繁多，举例如下。

1. 低聚果糖（Fructo-oligosaccharide）

在蔗糖分子的果糖残基上结合 1～3 个果糖的低聚糖，工业生产中一般利用黑曲霉（*Aspergillus niger*）产生的果糖转移酶作用于高浓度蔗糖溶液制得。

2. 低聚异麦芽糖（Isomalto-oligosaccharide）

葡萄糖分子间以 α-1, 6-糖苷键结合的异麦芽糖、潘糖、异麦芽三糖及四糖以上的低聚糖。工业上以 α-葡糖苷酶作用于淀粉生产低聚异麦芽糖。

3. 低聚半乳糖（Galacto-oligosaccharide）

一种重要的"益生元"，是母乳中的天然组分之一，可由β-半乳糖苷酶以乳糖为底物，通过转半乳糖苷基的酶促反应，在乳糖分子中半乳糖的一侧连接1～4个半乳糖制得。

4. 低聚木糖（Xylo-oligosaccharide）

由2～7个木糖以β-1, 4-糖苷键结合而成的功能性低聚糖，其双歧杆菌的增殖活性是其他低聚糖类的10～20倍。通常以富含木聚糖（xylan）的植物（如玉米芯、棉籽壳等）为原料，在木聚糖酶的作用下分离精制而得。

5. 低聚乳果糖（Lactosucrose）

以蔗糖和乳糖为原料，在节杆菌（*Arthrobacter*）产生的β-呋喃果糖苷酶的作用下制得，分子中含有相当于乳糖和蔗糖的结构。

（二）功能（Functions）

功能性低聚糖的主要生理功能有：①双歧杆菌增殖因子，预防结肠癌；②低热量，低甜度，预防糖尿病；③抗龋齿，有利于口腔卫生；④类似水溶性膳食纤维，改善血脂代谢，降低胆固醇。

（三）生产（Production）

目前低聚糖产品有10余种，除大豆低聚糖和水苏糖等少数低聚糖采用提取法之外，大多数低聚糖采用酶法生产，即由转移酶转化高浓度底物（不同的糖源）获得，工业上通常采用的工艺过程如下。

1. 酶的制备（Preparation of enzyme）

培养具有高产转化酶活性的微生物并进行固液分离，若为胞内酶则收集菌丝体，若为胞外酶则收集发酵液。

2. 固定化（Immobilization）

将酶或细胞采用适当的方法进行固定化，从而降低成本并可连续生产。

3. 转化（Conversion）

在一定条件下使底物以一定速率流过固定化酶柱或固定化床，发生转移反应。

4. 分离（Isolation）

经脱色、分离、浓缩等过程得低聚糖制品。

Box 10-1　Oligosaccharides

An oligosaccharide is a saccharide polymer containing a small number (typically three to ten) of simple sugars (monosaccharides). It has many functions including cell recognition and cell binding. For example, glycolipids play an important role in the immune response.

Oligosaccharides are found naturally in many plants such as onions (and the rest of the "onion family", including leeks and garlic), legumes, wheat, and other plant foods. Fructo-oligosaccharides (FOS) consist of short chains of fructose molecules. Galactooligosaccharides (GOS) consist of short chains of galactose molecules. These compounds can only be partially digested by humans.

二、真菌多糖（Fungal polysaccharides）

真菌多糖是各种真菌子实体和菌丝体所产生的一类具有某种独特生理活性的多糖化合物，已成为当今热门的研究领域。

（一）种类（Types）

真菌多糖种类繁多，举例如下。

1. 香菇多糖（Lentinan）

香菇（*Lentinus edodes*）是我国常见的大型食用菌之一，具有抗肿瘤活性的香菇多糖是由β-1, 3-糖苷键连接的葡聚糖。

2. 银耳多糖（Tremellan）

银耳多糖是从银耳（*Tremella fuciformis*）子实体中得到的一种酸性杂多糖，其主链结构是由α-1, 3-糖苷键连接的甘露聚糖，支链由葡萄糖醛酸和木糖组成。

3. 灵芝多糖（Ganoderan）

灵芝多糖是从灵芝（*Ganoderma lucidum*）子实体中分离出来的一种由三股单糖链构成的具有螺旋状立体构型（三级结构）的葡聚糖。

4. 冬虫夏草多糖（Cordyceps polysacchride）

存在于虫草属真菌冬虫夏草（*Cordyceps sinensis*）中的一种高度分支的半乳糖甘露聚糖，主链为α-1, 2-糖苷键连接的D-呋喃甘露聚糖。

（二）功能（Functions）

真菌多糖的主要生理功能有：①抗肿瘤；②延缓衰老；③降血糖、血脂、护肝、防血栓；④抗辐射，增强造血功能。

（三）生产（Production）

真菌多糖除了可从子实体中提取之外，还可采用深层发酵技术获得菌丝体，从中提取真菌多糖，通气式搅拌深层发酵培养已成为当前名贵真菌利用技术的热点。

三、活性肽（Active peptides）

活性肽是具有调节人体代谢和生理功能的活性多肽，又称生物活性肽。

（一）谷胱甘肽（Glutathione, GSH）

1. 结构特点（Structure characteristics）

由谷氨酸、半胱氨酸和甘氨酸通过肽键缩合而成的三肽化合物，结构式见 Figure 10-1。

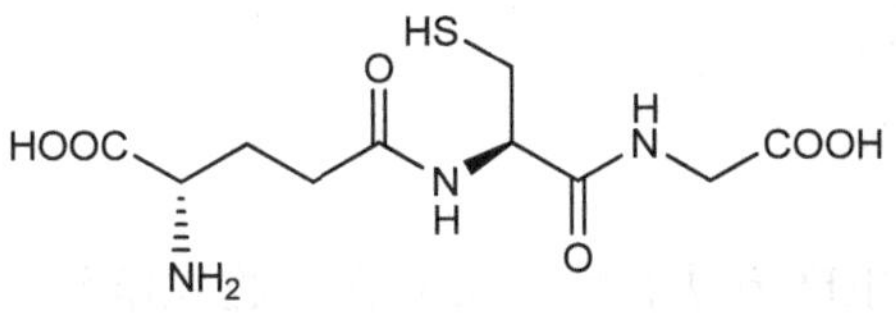

Figure 10-1　Chemical structure of glutathione

GSH 分子中含有一个活泼的巯基（—SH），易被氧化脱氢变为氧化型谷胱甘肽（GSSG）。在生物体中起重要生理功能的是还原型谷胱甘肽（GSH），GSSG 需还原成 GSH 才有生理活性。

2. 生理功能（Physiological functions）

1）抵抗自由基对细胞的损伤；

2）清除外源有毒物质；

3）促进蛋白质合成；

4）保护肝脏，抗衰老。

3. 生产方法（Production method）

发酵法是生产 GSH 的主要方法，高产的关键在于选育富含 GSH 的酵母菌，并对发酵过程进行优化，将获得的菌体经抽提等过程制得谷胱甘肽。

利用大米为原料制备 GSH 的工艺流程见 Figure 10-2。

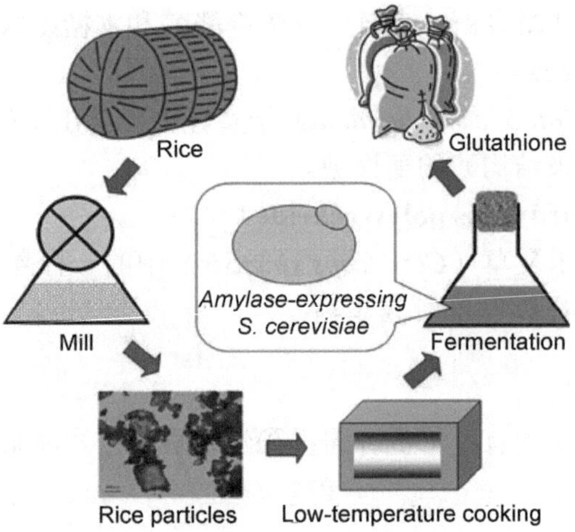

Figure 10-2　Procedures of glutathione production from rice

（二）大豆蛋白活性肽（Active peptide of soy protein）

1. 特性（Characteristics）

大豆蛋白活性肽是大豆蛋白经酶解或微生物发酵得到的含多种肽分子的水解产物，其中还包括少量游离氨基酸、大豆低聚糖、无机盐等成分。大豆蛋白活性肽溶液黏度低，受热不凝固，比传统大豆蛋白更易消化吸收，可迅速为肌体提供能量，具有独特的生理功能。

2. 生理功能（Physiological functions）

1）降血压，降低胆固醇；

2）抗血栓；

3）促进微量元素的吸收；

4）调节免疫功能。

3. 生产（Production）

大豆蛋白活性肽常用的生产方法有酶解法和微生物发酵法。发酵法是利用微生物（如枯草芽孢杆菌）在以豆粕粉为主要成分的培养基中发酵，经下游提取获得大豆蛋白活性肽。

四、益生菌（Probiotics）

益生菌是指能改善宿主肠道菌群生态平衡从而提高宿主（人或动物）健康水平和健康状态的活菌（或死菌制剂）及其代谢产物的微生物制品。

（一）种类（Types）

益生菌种类繁多，应用最多的是严格厌氧的双歧杆菌和耐氧的乳杆菌，某些酵母菌或芽孢杆菌也可用作益生菌。

1. 双歧杆菌（*Bifidobacterium*）

双歧杆菌是一种厌氧的革兰氏阳性无芽孢杆菌，典型菌株常呈“Y”或“V”字形，而双歧因子是指能促进双歧杆菌生长的短肽、酪蛋白水解物及低聚糖等。

2. 乳杆菌（*Lactobacillus*）

用作微生态制剂的乳杆菌必须满足：

①菌体的分离对象是健康的人或动物；

②能耐受人的胆酸盐和酸性环境；

③具有一定的免疫调节作用。

常用的乳杆菌有德氏保加利亚乳杆菌（*Lactobacillus delbrueckii* subsp. *bulgaricus*）、嗜酸乳杆菌（*L. acidophilus*）、短乳杆菌（*L. breris*）等。

Box 10-2　*Bifidobacterium*

Bifidobacterium is a genus of gram-positive, nonmotile and anaerobic bacteria. Some *Bifidobacterium* strains are considered as important probiotics and used in food industry. Different species and/or strains of bifidobacteria may exert a range of beneficial health effects, including regulation of intestinal microbial homeostasis, inhibition of pathogens and harmful bacteria that colonize and/or infect the gut mucosa, modulation of local and systemic immune responses, production of vitamins, and bioconversion of a number of dietary compounds into bioactive molecules. *Bifidobacterium* improves the gut mucosal barrier and reduces the levels of lipopolysaccharide in intestine.

（二）功能（Functions）

微生态制剂的生理功能有：①营养代谢作用；②免疫激活作用；③生物拮抗作用；④防癌抗癌作用。

（三）生产（Production）

微生态制剂是根据菌体本身的生理特点，按照发酵的一般流程，以生产活菌为目的的微生物产品，重点解决菌株高密度、高活性培养的难题，也可采用混菌发酵，使微生态制剂的风味能被消费者所接受。

第二节　微生物食品添加剂
Microbial Food Additives

食品添加剂是为改善食品品质或色、香、味或为防腐和加工工艺需要而在食品中添加的天然或化学合成物质。目前，利用微生物生产绿色健康的食品添加剂如酸味剂、鲜味剂已得到实际应用，在此领域已经开发或正在开发的其他食品添加剂举例如下。

一、食品胶（Food gums）

食品胶是一类能够充分水化形成凝胶并提高食品黏度的大分子物质，在食品工业中应用广泛。采用发酵法生产的食品胶，其本质是微生物胞外多糖，最具代表性的是黄原胶和茁霉多糖。

（一）黄原胶（Xanthan gum）

1. 特性（Characteristics）

黄原胶是由D-葡萄糖、D-甘露糖和D-葡萄糖醛酸按2∶2∶1组成的多糖类高分子化合物，相对分子质量在100万以上，为浅黄色至浅棕色粉末，不溶于乙醇，易溶于水，遇水分散、乳化变成稳定的亲水性黏稠胶体，具有低浓度、高黏度的特性，是目前国际上集增稠、悬浮、乳化、稳定于一体，性能最优越的生物胶。

2. 生产（Production）

黄原胶是以黄单胞菌属（*Xanthomonas*）中的野油菜黄单胞菌（*X. campestris*）为生产菌种，以玉米淀粉为碳源，以鱼粉、豆饼粉为氮源，用 $CaCO_3$ 为 pH 调节剂，经好氧深层发酵制得。由于培养基的黏度随多糖的形成而增大，氧向细胞内的传递也会变得越来越困难，因此解决供氧问题对多糖生产至关重要。发酵液多糖含量一般在2.5%左右，用异丙醇或乙醇沉淀并分离提取。

（二）茁霉多糖（Pullulan）

1. 特性（Characteristics）

茁霉多糖又名短梗霉多糖，是由麦芽三糖以α-1, 6-糖苷键重复键合的线状高分子多糖，为白色非结晶性粉末，不溶于醇、醚、油类，易溶于水，具有极佳的成膜性、阻氧性、黏结性，在医药、食品、保鲜及化妆品等领域应用前景广阔。

2. 生产（Production）

茁霉多糖是由出芽短梗霉（*Aureobacidium pullulans*，*Pullularia pullulans*）合成的胞外大分子中性多糖，该菌有3种形态，即酵母态细胞、厚垣孢子和菌丝，多糖主要由酵母态细胞合成。温度25℃，pH6～7时产量最高，前期发酵液黏度随多糖的合成而增大，后期产生的多糖酶使部分多糖降解，黏度下降。低速搅拌有利于多糖的合成。发酵液除去菌体后，滤液用乙醇沉淀，再精制得成品。

Box 10-3　Microbial polysaccharides

Microbial polysaccharides are found everywhere in nature, produced especially by bacteria.

They give different valuable properties for various applications in food and pharmaceutical industries such as food thickening agent and a stabilizer. Xanthan gum is a polysaccharide secreted by the bacterium *Xanthomonas campestris* in glucose, sucrose, or lactose medium. It is precipitated from the growth medium with isopropyl alcohol or alcohol, then dried, and ground into a fine powder. When the powder is dissolved in a liquid medium, a gum system is formed.

二、食用色素（Edible pigments）

食品的色、香、味、形是评价食品表观质量的四大基本参数，也是消费者选择食品的重要依据，其中色泽的影响最大。食用色素是以食品着色和改善食品色泽为目的的食品添加剂，按其来源和性质分为食用合成色素和食用天然色素。

将发酵工程引入天然色素的制备，将逐步取代对人体有害的化学合成色素，并赋予食品营养和保健功效。因此，采用微生物发酵进行天然色素的生产是未来的发展方向。目前国内外由微生物生产的天然色素以红曲色素和β-胡萝卜素为多。

（一）红曲色素（Monascorubin）

1. 特性（Characteristics）

红曲色素是一种由红曲霉属的丝状真菌经发酵而成的优质天然食用色素，是红曲霉的次级代谢产物，为深紫红色粉末，易溶于中性或碱性水溶液及乙醇等溶剂中，对蛋白质着色性能好，耐酸性和耐热性强，但经阳光直射可褪色。对某些病原菌具有抑制作用，且具有较强的抗氧化能力。

2. 生产（Production）

将红曲霉（*Monascus purpureus*）接种在合适的培养基中逐级扩大培养，液体深层发酵，固液分离，滤渣用乙醇多次浸提，乙醇回收后经喷雾干燥制得红曲色素。

（二）β-胡萝卜素（β-Carotene）

1. 特性（Characteristics）

β-胡萝卜素是维生素 A 的前体，又称维生素 A 原，是自然界中普遍存在的最稳定的天然色素，广泛存在于植物、藻类和真菌中，但动物体不能合成，须从外界摄入。

β-胡萝卜素是一种抗氧化剂，在抗癌、预防心血管疾病、解毒方面有显著功效，是维持身体健康不可缺少的营养素。

2. 生产（Production）

β-胡萝卜素的生产方法有化学合成法、植物提取法、微生物发酵法。微生物发酵法制备β-胡萝卜素的关键是选育高产β-胡萝卜素的菌种，常用菌株有三孢布拉霉（*Blakeslea trispora*）和红酵母（*Rhodotorula*）。三孢布拉霉合成β-胡萝卜素的水平较高，是工业化生产最重要的菌株。红酵母具有营养要求简单、生长周期短、菌体无毒、营养丰富等特点，是生产胡萝卜素的良好材料。

β-胡萝卜素是细胞内色素，发酵后需要经过离心收集菌体，用适当的方法破碎细胞壁，再经溶剂浸提等工序制得。

Box 10-4　β-carotene

β-carotene is a strongly colored red-orange pigment abundant in plants and fruits, such as carrots, pumpkins and sweet potatoes. In nature, β-carotene is a precursor (inactive form) to vitamin A. Among the general class of carotenes, β-carotene is distinguished by having beta-rings at both ends of the molecule. Absorption of β-carotene is enhanced if eaten with fats, as carotenes are fat soluble. β-carotene can be extracted from the beta-carotene rich algae, *Dunaliella salina*. As it is a non-polar compound, the separation of β-carotene from the mixture of other carotenoids is based on the polarity of a compound. Being highly conjugated, it is deeply colored, and as a hydrocarbon lacking functional groups, it is very lipophilic.

三、酶制剂（Enzyme preparation）

酶制剂是具有生物催化能力的物质，并辅以其他成分，用于加速食品加工过程并提高产品质量，利用微生物发酵产酶是酶制剂生产的主要方法。

（一）种类（Types）

食品工业中常用的酶制剂有以下几种。

1. 淀粉酶（Amylase）

淀粉酶是一类水解淀粉物质的酶的总称，是最早进行工业化生产且应用最广、产量最大的酶制剂产品，包括 α-淀粉酶、β-淀粉酶、葡萄糖淀粉酶、脱支酶，广泛用于生产麦芽糖、饴糖、葡萄糖、高果糖浆和啤酒等，相关介绍见第三章。

2. 蛋白酶（Protease）

蛋白酶是一类水解蛋白质肽链的酶的总称，分为中性蛋白酶、碱性蛋白酶和酸性蛋白酶，广泛用于水解蛋白、肉类软化、啤酒澄清、干酪制造等。

3. 果胶酶（Pectinase）

果胶酶是一类分解果胶物质的酶的总称，细菌、放线菌、酵母和霉菌均可产生，可用于果汁澄清、提高出汁率、提取生物活性成分等。

4. 脂肪酶（Lipase）

脂肪酶是能催化长链脂肪酸甘油酯水解的酶，又称甘油三酯水解酶。细菌、真菌、酵母均可产生，广泛用于油脂加工、乳制品及食品废料处理等。

5. 葡萄糖异构酶（Glucose isomerase）

葡萄糖异构酶又称 D-木糖异构酶，能催化 D-木糖、D-葡萄糖等醛糖转化为相应的酮糖，是工业上以淀粉制备高果糖浆的关键酶。

食品工业中常用的微生物酶及其作用见 Table 10-1。

Table 10-1　Commercial applications of enzymes

Industry	Application	Enzyme	Source
Baking and milling	Reduction of dough viscosity, acceleration of fermentation, increase in loaf volume, improvement of crumb softness and maintenance of freshness	Amylase	Fungal
	Improvement of dough texture, reduction of mixing time, increase in loaf volume	Protease	Fungal/bacterial

Continued

Industry	Application	Enzyme	Source
Brewing	Mashing	Amylase	Fungal/bacterial
	Chill-proofing	Protease	Fungal/bacterial
	Improvement of fine filtration	β-glucanase	Fungal/bacterial
Cereals	Precooked baby foods, breakfast foods	Amylase	
Chocolate and cocoa	Manufacture of syrups	Amylase	Fungal/bacterial
Coffee	Coffee bean fermentation	Pectinase	Fungal
	Preparation of coffee concentrates	Pectinase	Fungal
		Hemicellulase	
Corn syrup	Manufacture of high-maltose syrups	Amylase	Fungal
	Production of low D E syrups	Amylase	Bacteria
	Production of glucose from corn syrup	Amyloglycosidase	Fungal
	Manufacture of fructose syrups	Glucose isomerase	Bacterial
Dairy	Manufacture of protein hydrolysates	Protease	Fungal/bacterial
	Stabilization of evaporated milk	Protease	Fungal
	Production of whole milk concentrates, ice-cream and frozen desserts	Lactase	Yeast
	Curdling milk	Protease	Fungal/bacterial
Fruit juices	Clarification	Pectinases	Fungal
	Oxygen removal	Glucose oxidase	Fungal
Protein hydrolysates	Manufacture	Protease	Fungal/bacterial
Soft drinks	Stabilization	Glucose oxidase, catalase	Fungal

（二）生产（Production）

酶制剂常用液体深层发酵法生产，生产工艺一般包括菌种选育、扩大培养、培养基制备、发酵、分离纯化及干燥成型等过程（Figure 10-3）。

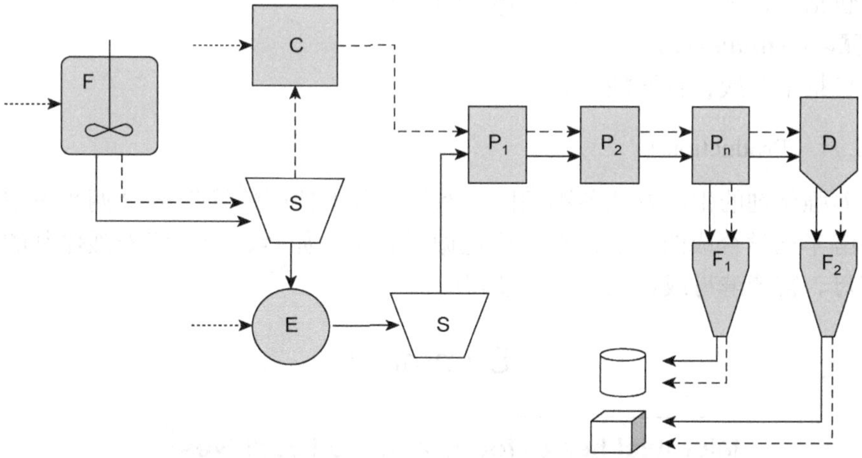

Figure 10-3　Scheme for the production of enzymes

F, Fermentation; S, Solid-liquid separation; E, Cell extraction; C, Concentration; P_i, Operation of purification; D, Drying; F_i, Formulation; - - -➤, Extracellular enzyme; ——➤, Intracellular enzyme; ·········➤, Cell tissue or fluid

Box 10-5　Enzyme production

Microorganisms represent an attractive source of enzymes as they can be cultured in large quantities in a relatively short period by fermentation. Enzyme productivity can be increased by adequate environmental manipulations, mainly through medium design and optimization of relevant operation parameters like temperature, pH, agitation and aeration rates.

Enzyme inactivation can be caused by heat, proteolysis, sub-optimal pH, oxidation, denaturants, irreversible inhibitors and loss of cofactors or coenzymes. Heat inactivation together with associated pH effects are probably the most significant. The best way of preventing proteolysis is to rapidly remove or inhibit protease activity.

四、营养强化剂（Nutrient supplements）

营养强化剂是指为增强营养成分而加入食品中的天然或人工合成的、属天然营养素范畴的食品添加剂。食品强化的目的是保证人们在各生长发育阶段及各种劳动条件下获得全面而合理的营养，满足人体生理、生活和劳动的正常需要。

（一）种类（Types）

营养强化剂主要包括维生素、矿物质、氨基酸 3 类，也包括用于营养强化的天然食品及其制品，如大豆蛋白、骨粉、鱼粉、葡萄糖酸及其衍生物、左旋肉碱、二十二碳六烯酸（DHA）、卵磷脂等。

1. 维生素（Vitamins）

维生素包括脂溶性维生素，即维生素 A、维生素 D、维生素 E 等；水溶性维生素，即维生素 C、B 族维生素、叶酸、生物素等。

2. 矿物质（Minerals）

矿物质包括钙、铁、锌、硒、镁、钾、钠、铜等。

3. 氨基酸（Amino acids）

氨基酸包括牛磺酸、赖氨酸等。

（二）生产（Production）

各种营养强化剂的生产方法各不相同。例如，我国独创的维生素 C 两步发酵工艺是一种半微生物发酵半化学合成的方法。有些活性微量元素，如硒、锗等营养强化剂的生产是通过培养富硒酵母、富锗酵母或富硒食用菌获得的。

Summary

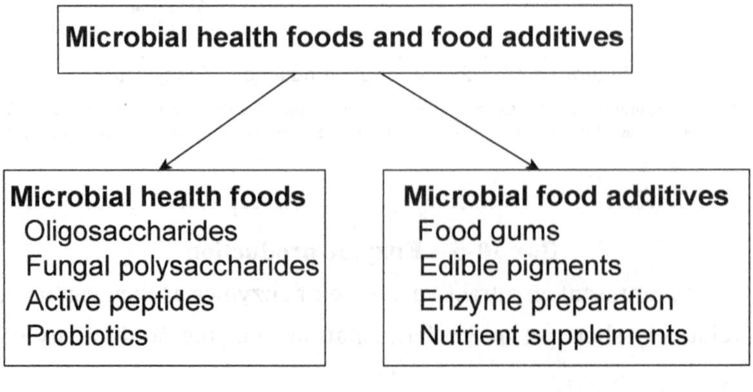

Review Questions

1. Give some examples of microbial dietary supplements and food additives which are widely used in food industry.

2. Describe the basic process of enzyme production.

3. Compare the differences between fungal polysaccharide and bacterial polysaccharide in production methods and applications.

下篇　实 验 部 分

验证性实验

Verification Experiment

验证性实验是以验证实验结果、巩固和加强有关知识内容为目的，从培养兴趣出发，在理解实验原理的基础上，通过对实际问题的有效解决，培养基本的实践操作能力。

葡萄酒的酿制

Wine Brewing

一、目的（Purpose）

学习葡萄酒酿制的原理，掌握干白和干红葡萄酒酿制工艺。

二、原理（Principle）

利用葡萄皮自带的酵母或人工接种的酵母菌，将葡萄汁中的葡萄糖、果糖等转化生成乙醇和二氧化碳，以及高级醇、脂肪酸、挥发酸和酯类等副产物，并将葡萄原料中的色素、单宁、有机酸、果香物质、无机盐等与葡萄酒质量有关的成分带到葡萄原酒中，再经陈酿、澄清等后处理获得葡萄酒。

三、材料（Materials）

1. 原料（Raw Materials）

新鲜葡萄、活性干酵母、白砂糖、酒石酸等。

2. 试剂（Reagents）

6%亚硫酸，0.1mol/L NaOH 标准溶液，4g/L 浓度的碘液(精确浓度为 3.97g/L)，2%可溶性淀粉，1mol/L NaOH，30%硫酸等。

3. 仪器（Instruments）

手持式糖度计、酒精度计、密度计等。

四、干白葡萄酒的酿造（Dry white wine brewing）

由白葡萄或红皮白肉的葡萄酿成，颜色近似无色、浅黄色、禾秆黄色；酒度 9%～13%(*V*/*V*)，果香突出，具有酿造酒的典型风格。

主要工艺流程如下。

成熟葡萄分选→除梗破碎→果汁澄清→成分调整→接种发酵→分离脚酒→陈酿→澄清→冷冻→过滤→装瓶。

1. 原料分选（Sorting raw materials）

将成熟的葡萄剔除霉烂果子及青果。

2. 除梗破碎（Destemming and crushing）

将葡萄除去果梗，榨取果汁，测定果汁的糖度（°Bx 或 g/L）和酸度。

3. 果汁澄清（Juice clarification）

每升葡萄汁加入 2.5mL 6%的亚硫酸溶液（相当于添加二氧化硫至 150mg/L），静置 24h 后，分离沉淀，得澄清葡萄汁。

4. 成分调整（Composition adjustment）

糖度调整：按理论计算，添加 17g/L 蔗糖可使酒度提高 1%（体积分数）。果汁含糖量需调整到 21%～23%，用葡萄汁溶解白砂糖并在发酵旺盛时添加。

酸度调整：要求葡萄汁含酸量在 6～8g/L，若需要提高酸度，可补加酒石酸或添加酸度高的葡萄汁混合发酵。

5. 接种发酵（Inoculation and fermentation）

将调整成分后的果汁装玻璃瓶（不超过瓶体积的 80%），添加在 30～40℃活化 20～30min 的活性干酵母，用量 0.25～0.4g/L（或按包装说明），盖上装有发酵栓的橡胶塞，控温 14～18℃发酵（最高不超过 20℃）。当发酵进入旺盛期时（液面有大量气泡），一次性加入所要调整的白砂糖，发酵 15～25d，发酵过程中，每天需在发酵液的中部测两次温度并取样测残糖量。当发酵液液面平静、温度下降、残糖小于 4g/L 时，表明发酵已完成。

6. 分离脚酒（Separating lees）

发酵结束后 15～20d 即可分离脚酒，添酒至容器满，以减少氧化，每升添加 2.5mL 6%的亚硫酸溶液。

7. 陈酿（Aging）

贮存期注意 3 点：①隔绝空气；②满瓶；③换瓶。

8. 澄清（Clarification）

灌装前，采用下胶净化的方法清除葡萄酒中的不稳定物质，澄清剂为鱼胶、酪蛋白或皂土等。皂土下胶方法：将皂土用 60～80℃的温开水浸泡，制成 6%的悬浮液。通过下胶试验确定下胶量（一般每升葡萄酒添加 12mL 皂土），下胶时边加边搅拌，静置 5～7d，待酒液彻底澄清后，虹吸分离沉淀物并过滤。

9. 冷冻（Freezing）

酒液降温至–4℃维持 7～15d，过滤除去酒石。

10. 装瓶（Bottling）

调整澄清酒液的二氧化硫含量，使其游离二氧化硫含量在 30～40mg/L（游离二氧化硫约为总二氧化硫的 2/3）后，装瓶、压盖并保存。

五、干红葡萄酒的酿造（Dry red wine brewing）

由红葡萄品种酿制，颜色有紫红、深红、宝石红、棕红等，酒度为 9%～13%（*V*/*V*），突出酒香，具有相应葡萄品种酒典型的风格。

主要工艺流程如下。

成熟红葡萄分选→除梗破碎→加二氧化硫→发酵→压榨→后发酵→陈酿→下胶→过滤→冷冻→过滤→装瓶。

干红葡萄酒的酿造工艺与干白葡萄酒的酿造工艺相似。不同点在于，红葡萄破碎后不压榨，将皮肉汁混合发酵，以浸提果皮上的色素，不同操作如下。

1. 发酵（Fermentation）

发酵初期：控制温度 28～30℃，初期果浆平静，随后在酵母的作用下，温度渐升，产生的 CO_2 将葡萄皮顶浮于液面。

主发酵期：每天需搅拌 2～3 次，将酒“帽”搅散压入汁中，发酵 3～5d 后分离皮渣。

2. 压榨（Pressing）

粗滤后，将葡萄皮渣装入纱布中，挤压榨汁。

3. 后发酵（Post-fermentation）

继续发酵 15d 左右，当糖度低于 4g/L 以下时发酵结束，及时添加 SO_2 并满容器贮存。

4. 调配（Blending）

根据产品标准和风格，进行调整。

六、分析测定（Analysis）

1. 糖度测定（Measurement of sugar content）

用斐林试剂滴定法（或用手持式折光仪）测葡萄汁的糖度。

2. 酸度测定（Measurement of acidity）

0.1mol/L NaOH 标准溶液滴定。

3. 乙醇含量的测定（Measurement of alcohol content）

取 100mL 酒液经蒸馏后，用酒精比重计测定。

4. 总二氧化硫的测定（Measurement of total sulphur dioxide）

在 250mL 碘量瓶中依次加入 25mL 葡萄酒、10mL 水（稀释）、10mL 1mol/L 氢氧化钠，加塞，摇匀，反应 10min，添加 3～5mL 30%硫酸及 2～3 滴 2%淀粉指示剂，立即用 4g/L 的碘液（1mL 4 g/L 的碘液相当于 1mg 二氧化硫）测定。

5. 游离二氧化硫的测定（Measurement of free sulphur dioxide）

在反应瓶中依次加入 25mL 葡萄酒、20mL 水（稀释）、3mL 30%硫酸及 2～3 滴 2%淀粉指示剂，立即用 4g/L 的碘液测定。

Essentials of Verification Experiments Wine Brewing

Traditionally, the term “wine” refers to wine made from grapes. Wine is the result of many complex chemical and biological reactions. Ten processing technologies are commonly used to make white and red table wines.

1) **Destemming and crushing.** Stems are first separated from grape berries and the skins are broken to release the juice. The mixture of juice, skins, seeds and pulp is called must.

2) **Determining sugar content and acidity of the juice.** Sugar content is approximately equal to percentage of soluble solids (Brix).

3) **Adding sulfur dioxide (SO_2).** Inhibiting spoilage organisms and preventing oxidation.

4) **Adding pure wine yeast starter cultures.** Facilitating the clean, consistent, and complete fermentation.

5) **Pressing.** Skins and seeds are separated from the juice at the beginning for white wine

processing, while they are removed after fermentation with the skins for red wine.

6) **Fermenting.** Yeast converts sugar to alcohol and carbon dioxide.

7) **Racking and separating lees.** The clear wine is separated from yeast cells and other solids after fermentation.

8) **Adjusting SO_2 content.** Preventing spoilage and oxidation.

9) **Aging/topping and/or clarification.**

10) **Bottling.**

However, red and white wines are not all performed in the same sequence. The major difference between them is that, after destemming and crushing, the juice with the skins must be fermented for red wines to extract their red pigments. For white wines, only the clear juice is fermented to minimize extraction of tannins from skins and seeds. Other significant differences are:

1) White wines should be fermented at lower temperatures than red wines for better quality.

2) High quality and complexity of red wines can be achieved by aging in oak barrels.

3) White wines generally are made without wood aging and consumed when they are relatively young; therefore, they retain fresh fruity aromas and flavors.

综合性实验
Comprehensive Experiments

综合性实验以本教材内容为设计依据，旨在通过一系列相互关联的实验将发酵工程的主要环节及产品的生产有机联系起来，突出理论联系实际的教学理念，提高学生思考问题、解决问题和归纳问题的能力。

本综合实验利用枯草芽孢杆菌产生的α-淀粉酶、黑曲霉产生的糖化酶制备淀粉水解糖，利用固定化葡萄糖异构酶将其转化为果葡糖浆，并利用制备的淀粉水解糖为碳源，在黑曲霉的作用下发酵获得柠檬酸，用沉淀法将其提取后进行纸层析鉴定。

实验一　α-淀粉酶的制备
Experiment Ⅰ　Preparation of α-Amylase

一、目的（Purpose）

学习并掌握利用枯草芽孢杆菌（*Bacillus subtilis*）制备α-淀粉酶（α-amylase）的原理及方法。

二、原理（Principle）

α-淀粉酶是一种内切糖苷酶，随机作用于淀粉分子的α-1, 4-糖苷键，不能作用于α-1, 6-糖苷键，但能越过α-1, 6-糖苷键，将淀粉分子切成长短不一的短链糊精。该酶最小作用底物是麦芽三糖以上的低聚糖，对麦芽三糖作用很弱，对麦芽糖没有水解能力。

枯草芽孢杆菌是当今酶制剂工业的主要生产菌种之一，主要用于生产淀粉酶、蛋白酶和脂肪酶等。本实验利用高产α-淀粉酶的枯草芽孢杆菌产生的耐高温α-淀粉酶，用于淀粉水解糖的液化阶段。

三、材料和仪器（Materials and Instruments）

枯草芽孢杆菌（*B. subtilis*）、超净工作台、灭菌锅、振荡培养箱、高速冷冻离心机、高压灭菌锅等。

四、步骤（Procedures）

1. 培养基的制备与灭菌（Preparation and sterilization of medium）

发酵培养基：蛋白胨 5g，酵母膏 2.5g，葡萄糖 0.5g，可溶性淀粉 2.5g，KH_2PO_4 1g，$MgSO_4·7H_2O$ 0.25g，$CaCl_2·2H_2O$ 0.1g，H_2O 500mL，pH7.0。分装于 100mL 锥形瓶中，每瓶 50mL，121℃灭菌 20min。

2. 接种与培养（Inoculation and cultivation）

接种环灼烧灭菌后，轻轻刮取斜面种子培养基中的少量菌体，接入上述液体培养基中，37℃振荡培养 48h。

3. 离心（Centrifugation）

将发酵液置于高速冷冻离心机中 10 000r/min 离心 10min 除菌体，取上清液。

五、结果（Results）

得到含 α-淀粉酶的粗酶液，淀粉酶活力测定之后将用于淀粉水解糖的制备。

实验二 α-淀粉酶活力测定

Experiment Ⅱ α-Amylase Activity Assay

一、目的（Purpose）

掌握 α-淀粉酶活力测定的原理与方法。

二、原理（Principle）

α-淀粉酶活力可采用碘量比色法测定，其机制是淀粉分子经 α-淀粉酶水解生成糊精、少量麦芽糖和葡萄糖，在使淀粉黏度迅速降低的同时，也使淀粉对碘呈蓝紫色的特性反应逐渐消失，呈现棕红色，其颜色消失的速度与酶活力有关，据此可通过反应后的吸光度值计算酶活力。

三、材料和仪器（Materials and Instruments）

恒温水浴锅、分光光度计、秒表、实验一所得粗酶液等。试剂如下。

1）原碘液：称取 11.0g 碘和 22.0g 碘化钾，用少量水使其完全溶解，定容至 500mL，贮存于棕色瓶中。

2）稀碘液：吸取原碘液 2.00mL，加 20.0g 碘化钾用水溶解并定容至 500mL，贮存于棕色瓶中。

3）可溶性淀粉溶液（2%）：称取 2.000g（干重）可溶性淀粉于烧杯中，用少量水调成浆状物，边搅拌边缓慢加至 70mL 沸水中，用水分次冲洗盛淀粉的烧杯，洗液倒入其中，搅拌加热至完全透明，冷却定容至 100mL，溶液现用现配。

4）pH6.0 磷酸缓冲液：称取 45.23g 磷酸氢二钠（$Na_2HPO_4·12H_2O$）和 8.07g 柠檬酸（$C_6H_8O_7·H_2O$），用水溶解并定容至 1000mL。

5）0.1mol/L 盐酸溶液：量取 1mL 浓盐酸至适量水中，并稀释至 100mL。

四、步骤（Procedures）

1. 底物预热（Substrate preheating）

吸取 20.0mL 可溶性淀粉溶液于试管中，加入磷酸缓冲液 5.00mL 摇匀，置 60℃恒温水浴中预热 8min。

2. 酶促反应（Enzymatic reaction）

加入 1mL 待测酶液，立即计时，摇匀，准确反应 5min。

3. 比色（Colorimetric determination）

立即吸取 1.00mL 反应液，加到预先盛有 0.5mL 0.1mol/L 盐酸溶液和 5.00mL 稀碘液的试管中，摇匀，并以 0.5mL 盐酸溶液和 5.00mL 稀碘液为空白，于 660nm 波长下，用 10mm 比色皿迅速测定其吸光度，根据下式计算酶活力。

$$y=2.3043x^2-4.5338x+5.0257 \ (\text{OD: } 0.4\sim0.766)$$

$$y=2.288x^2-4.5155x+5.0208 \quad (\text{OD: } 0.3\sim0.766)$$

式中，y 为样品的酶活力，U/mL；

x 为 OD 值。

α-淀粉酶活力定义：将 1mL 液体酶（或 1g 固体酶粉）于 60℃、pH6.0 条件下，1h 液化 1g 可溶性淀粉定义为一个酶活力单位，用 U/mL（U/g）表示。

五、结果（Results）

酶活力按下式计算。

$$X=c\times n$$

式中，X 为样品的酶活力，U/mL 或 U/g；

c 为测试酶样浓度，U/mL 或 U/g；

n 为样品的稀释倍数。

所得结果表示至整数。

实验三　糖化酶的制备

Experiment Ⅲ　Preparation of Glucoamylase

一、目的（Purpose）

学习并掌握利用黑曲霉（*Aspergillus niger*）发酵产生糖化酶的基本原理及操作方法。

二、原理（Principle）

糖化酶又称葡萄糖淀粉酶 (glucoamylase)，是一种外切糖苷酶，其作用方式与 α-淀粉酶不同，可从淀粉分子的非还原性末端依次水解 α-1, 4-糖苷键(α-1, 4-glucosidic linkages)生成葡萄糖，也可水解分支处的 α-1, 6-糖苷键(α-1, 6-glucosidic linkages)，但作用速度较缓慢。

糖化酶生产主要由黑曲霉优良菌种经深层发酵精制而成。本实验利用高产葡萄糖淀粉酶的黑曲霉为菌种，以淀粉类物质为原料，经逐级扩大培养制备淀粉水解糖所需的糖化酶。

三、材料和仪器（Materials and Instruments）

黑曲霉（*A. niger*）、超净工作台、灭菌锅、振荡培养箱、高速冷冻离心机、高压灭菌锅等。

四、步骤（Procedures）

扩大培养实验流程：保藏菌种→菌株平板培养→摇瓶发酵。

1. 平板培养（Plate culturing）

1）制备 PDA 培养基：去皮马铃薯 200g 切成小块，加水约 500mL，煮沸 30min，用纱布过滤，滤液加蔗糖 20g，琼脂 20g，溶化后加水定容至 1000mL，分装于 250mL 锥形瓶中，121℃灭菌 20min。

2）接种：取灭菌后的 PDA 培养基倒平板，冷却后，接种斜面保藏的黑曲霉菌种，28℃恒温培养 3d。

2. 摇瓶发酵（Shaking flask fermentation）

1）发酵培养基的制备：玉米粉 30g，米糠 5g，麸皮 5g，加水 1000mL，分装于 250mL 锥形瓶内，每瓶 100mL，自然 pH，121℃灭菌 20min。

2）接种与培养：取培养 72h 的黑曲霉平板，用打孔器制成菌片。每个锥形瓶中接种 12 片，28℃振荡培养 96h。

3. 离心（Centrifugation）

将摇床培养 4d 的黑曲霉发酵液用 4 层纱布过滤，滤液置于高速冷冻离心机中离心（10 000r/min，10min），取上清液。

五、结果（Results）

获得含糖化酶的粗酶液，糖化酶活力测定之后用于淀粉水解糖的制备。

实验四　糖化酶活力测定

Experiment Ⅳ　Glucoamylase Activity Assay

一、目的（Purpose）

掌握糖化酶活力测定的原理与方法。

二、原理（Principle）

糖化酶的活力可采用碘量滴定法测定，其机制是葡萄糖分子中的醛基能被弱氧化剂次碘酸钠（碘与氢氧化钠作用生成）氧化，在酸性条件下，未与葡萄糖作用的次碘酸钠转变成碘析出，用硫代硫酸钠标准溶液滴定析出的碘可计算出未参与反应的次碘酸钠，由此推导出糖化酶催化所产生的葡萄糖量，从而计算酶活力。

反应方程式如下。

1）碘与氢氧化钠作用：

$$I_2+2NaOH \longrightarrow NaIO+NaI+H_2O$$

2）葡萄糖与次碘酸钠定量作用：

$$C_6H_{12}O_6+NaIO \longrightarrow C_6H_{12}O_7+NaI$$

3）葡萄糖反应完成后，剩余的次碘酸钠在碱性条件下发生歧化反应：

$$3NaIO \longrightarrow NaIO_3+2NaI$$

4）歧化产物在酸性条件下进一步作用生成碘：

$$NaIO_3+5NaI+3H_2SO_4 \longrightarrow 3I_2+3Na_2SO_4+3H_2O$$

5）析出的碘可用硫代硫酸钠标准溶液滴定：

$$I_2+2Na_2S_2O_3 \longrightarrow Na_2S_4O_6+2NaI$$

三、材料和仪器（Materials and Instruments）

恒温水浴锅、秒表、比色管、实验三所得粗酶液等。试剂如下。

1）乙酸-乙酸钠缓冲溶液（0.05mol/L，pH4.6）：称取 6.7g 乙酸钠（$CH_3COONa·3H_2O$），溶于水中，加 2.6mL 冰醋酸（CH_3COOH），定容至 1000mL，用 pH 计校正。

2）硫代硫酸钠标准滴定溶液（0.1mol/L）：称取 24.82g 硫代硫酸钠（$Na_2S_2O_3·5H_2O$），加 0.2g 无水碳酸钠（硫代硫酸钠在 pH9～10 时最稳定），溶于煮沸后冷却的蒸馏水中（无 CO_2），定容至 1000mL，贮于棕色瓶中密闭保存，放置两周后过滤。

3）碘标准溶液（0.1mol/L）：称取 35g 碘化钾溶于少量水中，加入 13g 碘，溶解后定容至 1000mL。

4）氢氧化钠溶液（0.1mol/L）：称取 4g NaOH，溶解后定容至 1000mL。

5）氢氧化钠溶液（20%）：称取 20g NaOH，溶解后定容至 100mL。

6）硫酸溶液（2mol/L）：吸取 5.6mL 分析纯浓硫酸（相对密度为 1.84），缓慢加入适量水中，冷却后定容至 100mL，摇匀。

7）可溶性淀粉溶液（2%）（见实验二）。

四、步骤（Procedures）

1. 底物预热（Substrate preheating）

取 A、B 两支 50mL 比色管，分别加入 25mL 可溶性淀粉和 5mL 乙酸-乙酸钠缓冲液，摇匀，于 40℃恒温水浴中预热 5min。

2. 酶促反应（Enzymatic reaction）

在 B 管中加入 2.00mL 待测酶液，立即计时，摇匀，在此温度下准确反应 30min，立刻向 A、B 管中加入 0.2mL 20%的氢氧化钠溶液，摇匀，将两管取出迅速冷却，并于 A 管中补加 2mL 待测酶液作为空白对照。

3. 滴定（Titration）

吸取上述 A、B 两管中的反应液各 5.0mL，分别置于碘量瓶中，准确加入 10.0mL 碘标准溶液，再加 15mL 0.1mol/L 氢氧化钠溶液，边加边摇匀，于暗处放置 15min 取出，加 2mL 硫酸溶液，立即用硫代硫酸钠标准溶液滴定，直至蓝色刚好消失为其终点，分别记录空白和样品消耗硫代硫酸钠标准溶液的体积（V_A、V_B）。

酶活定义：1mL 液体酶（或 1g 固体酶粉）于 40℃、pH4.6 的条件下，1h 分解可溶性淀粉产生 1mg 葡萄糖定义为 1 个酶活力单位，以 U/mL（U/g）表示。

五、结果（Results）

根据下式计算出发酵液的酶活大小。

$$X=(V_A-V_B)\times c\times 90.05\times\frac{32.2}{5}\times\frac{1}{2}\times n\times 2=579.9\times(V_A-V_B)\times c\times n$$

式中，X 为样品的酶活力单位，U/mL 或 U/g；

V_A 为空白消耗硫代硫酸钠溶液的体积，mL；

V_B 为样品消耗硫代硫酸钠溶液的体积，mL；

c 为硫代硫酸钠标准滴定溶液的准确浓度，mol/L；

90.05 为葡萄糖的摩尔质量，g/mol；

32.2 为反应液的总体积，mL；

5 为吸取反应液的体积，mL；

1/2 为吸取酶液 2mL，换算为 1mL；

n 为稀释倍数；

2 为反应 30min，换算成 1h 的酶活力系数。

所得的结果表示至三位有效数字。

实验五　双酶法制备淀粉水解糖

Experiment Ⅴ　Preparation of Starch Sugar Syrup by Double-enzyme Method

一、目的（Purpose）

学习并掌握淀粉水解糖的酶法制备工艺。

二、原理（Principle）

淀粉水解方法有 3 种，即酸解法、酶解法和酸酶结合法，本实验利用酶解法将淀粉水解为葡萄糖。利用实验一制备的 α-淀粉酶将淀粉液化为糊精及低聚糖，利用实验三制备的糖化酶将糊精或低聚糖进一步水解为葡萄糖。酶解法制得的葡萄糖液较纯净，无苦味，颜色浅，质量高。

三、材料和仪器（Materials and Instruments）

可溶性淀粉、α-淀粉酶、糖化酶、$CaCl_2$、恒温水浴锅等。

四、步骤（Procedures）

1. 淀粉的液化（Liquefaction of starch）

称取 18g 淀粉，加水至 100mL，微波炉糊化 5min，滴加 NaOH 调节 pH 为 6.0～6.5，加入 0.11g $CaCl_2$ 使 Ca^{2+} 浓度达到 0.01mol/L，按 8～10U/g 淀粉的量加入实验一所得 α-淀粉酶粗酶液，85～90℃条件下保温 30min，当碘液检测显棕色、DE 为 20%左右时，迅速升温至 100℃保持 5min，使 α-淀粉酶失活（防止该酶将糖化酶底物水解而影响糖化速度），即可转入糖化阶段。

2. 淀粉的糖化（Saccharification of starch）

将上述液化液降温至 60℃，调整 pH 至 4.0～4.5，按 100～200U/g 淀粉的量加入实验三所得糖化酶粗酶液，保温 48h 左右，分别在 3h、6h、12h、24h、48h 取反应液加入碘液，观察颜色变化。

五、结果（Results）

碘液颜色不变时，取样用斐林试剂法测还原糖含量，用阿贝折射仪测固形物含量，计算 DE（应为 95%以上），得淀粉水解糖液，用于实验六果葡糖浆的制备和实验七柠檬酸的发酵与结晶。

实验六　固定化葡萄糖异构酶制备果葡糖浆

Experiment Ⅵ　Preparation of High Fructose Corn Syrup by Immobilized Glucose Isomerase

一、目的（Purpose）

掌握利用固定化葡萄糖异构酶制备果葡糖浆（high fructose corn syrup, HFCS）的原理与方法。

二、原理（Principle）

实验五制备的淀粉水解糖的主要成分是葡萄糖，可作为微生物发酵培养基的原料，如果作为甜味剂应用于食品工业，主要缺点是甜度不够，可利用葡萄糖异构酶（Glucose isomerase, GI）将D-葡萄糖异构化成D-果糖。由于葡萄糖转化果糖的比率只有42%～45%，其余的仍然是葡萄糖，因此产品实际上是葡萄糖和果糖的混合物，称果葡糖浆。果糖具有蔗糖不可比拟的优势，如不易导致高血糖、肥胖和龋齿等，广泛应用于碳酸饮料、果汁饮料等含糖产品中。

工业上一般采用固定化葡萄糖异构酶或产生葡萄糖异构酶的微生物细胞生产果葡糖浆。本实验用固定化葡萄糖异构酶制备果葡糖浆，用折光旋光法测定果糖含量。

三、材料和仪器（Materials and Instruments）

阿贝折射仪、圆盘旋光仪、恒流泵、恒温水浴锅、层析柱、固定化葡萄糖异构酶（购自诺维信生物技术有限公司）、实验五制得的淀粉水解糖液等。

四、步骤（Procedures）

1. 装柱（Packing）

用无菌生理盐水充分洗涤固定化葡萄糖异构酶，倾去生理盐水，将固定化酶颗粒装入层析柱中，置恒温水浴锅中的盛水大烧杯中，保持60℃恒温。

2. 异构化（Isomerization）

将实验五制得的淀粉水解糖液进行除渣过滤，升温灭酶，加入活性炭脱色 30min，离子交换脱盐，并浓缩至固形物含量为40%以上时，加入 $MgSO_4 \cdot 7H_2O$ 使其终浓度为0.1g/L作为稳定剂，用 Na_2CO_3 调节pH至7.5～7.8，经恒流泵以大约5mL/min的流速自层析柱底端泵入固定化葡萄糖异构酶柱，收集反应液。

3. 测定（Measurement）

用阿贝折射仪测定糖液在20℃时的固形物含量(%)，用圆盘旋光仪测定糖液的旋光度值 α。

五、结果（Results）

根据下式计算糖液中的果糖含量（%）。

$$\text{果糖含量}(\%)=\frac{52.5-\dfrac{100\times\alpha}{L\times G}}{145-0.346(T-20)}$$

式中，52.5 为 20℃时葡萄糖的比旋光度；

α 为果葡糖浆的旋光度；

L 为旋光管的长度，dm；

G 为果葡糖浆的固形物含量，Brix；

145 为 20℃时葡萄糖的比旋光度–20℃时果糖的比旋光度；

T 为果葡糖浆的温度。

实验七　柠檬酸的发酵与结晶

Experiment Ⅶ　Fermentation and Crystallization of Citric Acid

一、目的（Purpose）

掌握利用黑曲霉（*A. niger*）液体发酵法生产柠檬酸，以及用沉淀法提取并获得柠檬酸结晶的方法。

二、原理（Principle）

以淀粉质为原料发酵生产柠檬酸的微生物，需要先将淀粉分解成葡萄糖，再进一步由葡萄糖生成柠檬酸。虽然黑曲霉自身能够产生分解淀粉的酶类，且糖化酶活力较高，可以边长菌、边糖化、边发酵产酸，但柠檬酸产量较低。本实验利用实验五制备的淀粉水解糖为碳源发酵产酸，利用钙盐沉淀法从黑曲霉发酵液中分离提取并获得柠檬酸结晶。

钙盐沉淀法提取柠檬酸的主要原理是，在除杂后的发酵液中加钙盐生成柠檬酸钙沉淀，达到与其他可溶性杂质分离的目的，之后在柠檬酸钙中加入硫酸酸解，生成柠檬酸和硫酸钙沉淀，对含柠檬酸的上清液进行浓缩降温，即得柠檬酸结晶。

主要反应式为

$$2C_6H_8O_7 \cdot H_2O + 3CaCO_3 \longrightarrow Ca_3(C_6H_5O_7)_2 \cdot 4H_2O\downarrow + 3CO_2\uparrow + H_2O$$

$$Ca_3(C_6H_5O_7)_2 \cdot 4H_2O + 3H_2SO_4 + 4H_2O \longrightarrow 2C_6H_8O_7 \cdot H_2O + 3CaSO_4 \cdot 2H_2O\downarrow$$

$$CaCO_3 + H_2SO_4 \longrightarrow CaSO_4\downarrow + H_2O + CO_2\uparrow$$

三、材料和仪器（Materials and Instruments）

恒温水浴锅、鼓风干燥箱、离心机、实验五制备的淀粉水解糖、$CaCO_3$、1%酚酞试剂、1mol/L 硫酸溶液、0.15mol/L 氢氧化钠溶液、122 树脂、732 树脂等。

四、流程（Flow chart）

黑曲霉发酵→柠檬酸发酵液→离心去除菌体及残渣→$CaCO_3$ 中和上清液→离心得柠檬酸钙沉淀→H_2SO_4 酸解→离心除硫酸钙沉淀→浓缩含柠檬酸的上清液→柠檬酸结晶。

五、步骤（Procedures）

1. 柠檬酸发酵（Citric acid fermentation）

在实验五制备的淀粉水解糖液中加入 0.5%的硫酸铵，6 层纱布封口，121℃灭菌 20min。

取 5mL 无菌水倒入实验三制备的黑曲霉平板上，用接种环轻轻刮下孢子，制成孢子悬液，接入灭菌冷却后的 100mL 上述培养基中，30℃、200r/min 摇床培养 5d。

2. 除杂（Impurity removal）

将上述黑曲霉发酵液加热至 80℃保温 30min，离心（4000r/min，10min）取上清液，用酸碱滴定法测上清液中柠檬酸含量。

柠檬酸含量的测定：吸取 1mL 除杂后的上清液至 100mL 锥形瓶中，加适量去离子水，再加 2～3 滴 1%酚酞试剂，用 0.15mol/L NaOH 滴定至微红色，计算用去的 NaOH 体积。

柠檬酸含量的计算公式为

$$C=\frac{\mathrm{C}_{\mathrm{NaOH}}\times V\times 210.14}{3\times 100}$$

式中，C 为柠檬酸含量，g/100mL；

C_{NaOH} 为 NaOH 的摩尔浓度；

210.14 为柠檬酸的相对分子质量；

3 为柠檬酸与 NaOH 的反应比例；

V 为 NaOH 的体积，mL。

3. $CaCO_3$ 中和（Neutralization by calcium carbonate）

根据柠檬酸的含量及反应方程式计算出中和柠檬酸所需 $CaCO_3$ 的量（每中和 100g $C_6H_8O_7{\cdot}H_2O$ 需要 71.5g $CaCO_3$）及酸解时加入 H_2SO_4 的量（每加入 1g $CaCO_3$ 需要 0.98g H_2SO_4）。

在上述上清液中，边搅拌边缓慢加入 $CaCO_3$，置 85℃恒温水浴中，保温搅拌 30min（使柠檬酸钙沉淀下来），趁热 4000r/min 离心 10min，并用 80℃左右的热水洗涤离心后的沉淀（除去残糖、蛋白质等可溶性杂质）。

4. 酸解（Acidolysis）

在柠檬酸钙沉淀中加入 100mL 去离子水调匀，置 85℃恒温水浴中，加入 H_2SO_4 溶液（添加量根据中和所用 $CaCO_3$ 的量计算），边加边搅拌 30min，4000r/min 离心 10min，得澄清棕黄色的酸解液。

5. 净化（Purification）

酸解后的粗柠檬酸溶液中除了含有色素外，还有钙、镁、铁及其他金属离子等杂质。可采用 122 弱酸性阳离子交换树脂脱色（利用树脂表面与色素之间的范德瓦耳斯力），利用 732 强酸性阳离子交换树脂去除金属离子进行精制，再经浓缩结晶制得柠檬酸成品。

1）122 树脂脱色：将酸解液通入经预处理和再生后的 122 树脂层析柱中，控制流速为 2mL/min，当出口 pH≤3 时，说明有柠檬酸流出，开始收集流出液，当流出液出现颜色时，停止脱色。

2）732 树脂脱金属离子：将再生好的 732 树脂装柱后，通入脱色流出液，流速 2mL/min，当出口 pH≤3 时，开始收集流出液，流出液不能含有钙或铁等离子，可用以下方法检查。

乙醇法检测：取 2mL 流出液，滴入少量 95%的乙醇，摇匀，若出现浑浊说明流出液中已含有 Ca^{2+}，树脂已饱和，应停止进料。

亚铁氰化钾检测：取 2mL 流出液，加一滴 5g/L 的亚铁氰化钾溶液，如出现蓝色说明有 Fe^{3+} 流出（因两者反应生成普鲁士蓝），则应停止离子交换操作。

6. 浓缩（Concentration）

将酸解液置于 70℃鼓风干燥箱中，过夜浓缩。

7. 结晶（Crystallization）

将浓缩液置于 50℃恒温水浴锅中保温 40min 后，自然冷却至室温，得柠檬酸结晶。

六、结果（Results）

1. 将数据填入 Table 1（Filling up the table）。

Table 1　Experimental records of citric acid fermentation

Parameters	Results
Citric acid content/(g/L)	
Amount of $CaCO_3$ for neutralization/g	
H_2SO_4 needed for acid lysis/g	

2. 描绘柠檬酸的晶体形态（Description of crystal morphology of citric acid）。

实验八　柠檬酸的纸层析鉴定

Experiment Ⅷ　Identification of Citric Acid with Paper Chromatography

一、目的（Purpose）

掌握用纸层析鉴定柠檬酸的方法。

二、原理（Principle）

纸层析是以滤纸作为支持物的分配层析法，所用设备简单，操作方便，分辨力较高，广泛应用于物质的定性和定量分析。本实验用纸层析对实验七获得的柠檬酸进行鉴定，所用的展开剂是由水饱和的有机溶剂组成，由于水与滤纸纤维素有较强的亲和力，因而其扩散作用降低，形成固定相，而有机溶剂与滤纸亲和力弱，可在滤纸毛细管中自由流动，形成流动相，由于混合液中各组分在两相中的分配系数不同，在流动相中的移动速率（即迁移率 R_f 值）不同，从而在滤纸上形成距原点不等的层析点。

R_f=原点到层析斑点中心的距离/原点到溶剂前沿的距离

三、材料和仪器（Materials and Instruments）

新华 1 号滤纸、喷雾器、层析缸、吹风机等。试剂如下。

1）柠檬酸标准溶液（2%）及草酸标准溶液（2%）。

2）展开剂（developing agent）：按正丁醇∶水∶冰醋酸=12∶5∶3（体积比）混合后摇匀，注意展开剂要现配现用，出现分层后不能继续使用。

3）显色剂（chromogenic agent）：称取溴甲酚绿粉末 0.1g 移至研钵中，分数次加入适量的 0.01mol/L NaOH 溶液，研磨直至溶解为止，用蒸馏水稀释至 250mL，配成 0.04%溴甲酚绿试剂。

四、步骤（Procedures）

1. 准备（Preparation）

取 9cm×15cm 滤纸 1 张，在滤纸纵向对应的两边距边沿 2cm 处，各画两条平行线，一条作前沿标志，一条作点样线，在点样线上每隔 2cm 画一个“+”作为点样点。

2. 点样（Samples loading）

在点样点上分别点 10μL 标准柠檬酸溶液、标准草酸溶液、柠檬酸样品溶液，重复 2 次，每次点样后要用吹风机的冷风吹干，每个点在纸上扩散直径为 3～5mm，注意点样时勿用手直接触碰滤纸。点样完毕，用标签纸或大头针将滤纸做成筒形，点样面向外，注意纸的两边不要接触。

3. 层析（Chromatography）

将筒状滤纸竖直放入层析缸中的展开剂中，使液层距点样线约 1cm，待溶剂扩展到标志线后取出，冷风吹干，层析时间为 0.5～1h。

4. 显色（Coloration）

取出滤纸，电吹风吹干，用喷雾器喷上显色剂后再吹干。

五、结果（Results）

1. 绘出纸层析的显色结果（Description of coloration result of paper chromatography）。
2. 计算 R_f 值（Calculation of R_f value）（Table 2），根据实验结果鉴定柠檬酸的纯度。

Table 2　Experimental records of paper chromatography

Parameters	Citric acid sample	Standard citric acid	Standard oxalic acid
Distance from original point to the middle of chromatograph spot/cm			
Distance from original point to solvent front/cm			
R_f value			

Essentials of Comprehensive Experiments

There are four parts in these comprehensive experiments: preparation of α-amylase from *Bacillus subtilis* and glucoamylase from *Aspergillus niger* and their enzyme activity measurement; hydrolysis of starch using α-amylase and glucoamylase for starch glucose syrup preparation; conversion of starch glucose syrup into fructose-glucose syrup using immobilized isomerases; citric acid fermentation using starch glucose syrup and *Aspergillus niger*.

1. Preparation of α-amylase and glucoamylase and their enzyme activity measurement

Two major classes of amylases have been identified in microorganisms which named as α-amylase and glucoamylase. α-amylases (endo-1, 4-α-D-glucanglucohydrolase) are extracellular enzymes that randomly cleave the 1, 4-α-D-glucosidic linkages on the long-chain carbohydrates, ultimately yielding maltose from amylose, or maltose, glucose, and “limit dextrin” from amylopectin.

Glucoamylase (exo-1, 4-α-D-glucan glucanohydrolase) hydrolyzes single glucose units from the non-reducing ends of amylose and amylopectin in a stepwise manner, yielding glucose.

Bacillus subtilis produces a large variety of extracellular thermostable α-amylases, which are of particular significance to the industry. *Aspergillus niger* is a fungus that can produce high levels of extracellular glucoamylases, with a great potential for industrial applications. These are calcium metallo enzymes, which are not active in the absence of calcium. Activities of the α-amylase and glucoamylase can be determined by the iodine quantity colorimetry and the iodometric titration methods according to the National Standards of the People's Republic of China.

2. Preparation of hydrolyzed starch sugar syrup

Hydrolyzed starch sugar syrup, commercially called glucose syrups, is obtained by hydrolyzing starch (mainly from wheat, corn and potato) through liquefaction and saccharification. A slurry of the starch is cooked in the presence of a heat-stable bacterial endo-α-amylase produced by *Bacillus subtilis*. This enzyme can reduce the viscosity of gelatinized starch and increase the dextrose equivalent (DE). For saccharification to dextrose, a DE of 15-20 is commonly used. Glucoamylases from *Aspergillus niger* are used for further hydrolysis to form a high content of glucose (DE 95-97).

Starch can form a deep blue complex with iodine and the color gradually changes to red brown with progressive hydrolysis of starch, so iodide can be used to test for starch hydrolysis process. These hydrolytes are commonly used as carbon sources in fermentation and sources of sweetness.

3. Preparation of fructose-glucose syrup

Glucose can be reversibly isomerized to fructose forming fructose-glucose syrup, called high fructose corn syrup (HFCS). The equilibrium conversion for glucose-fructose is about 50% under industrial conditions. The isomerization reaction can only be profitable by using immobilized isomerase in a column, where glucose syrup flows continuously. The reaction parameters in this system have to be as optimal as possible, usually at 60℃ and pH 7-8, in order to obtain a reasonable yield of fructose. Mg^{2+}, as the activator and stabilizer of the enzyme, is added to the feed syrups in the form of $MgSO_4·7H_2O$. Its amount depends on the presence of calcium ion, which acts as an inhibitor in the system by displacing the magnesium ion activator from the isomerase molecule. Therefore the Ca^{2+} ion content should be kept as low as possible.

The major steps in conversion of starch to high fructose syrup are liquefaction, saccharification and isomerization. Enzymatic isomerization of glucose to fructose provides a real alternative to sucrose from cane or beet.

4. Fermentation, crystallization and identification of citric acid

Although many microorganisms can be used to produce citric acid, *A. niger* remains the main industrial producer. In general, only sugars that are rapidly taken up by the fungus allow a high final yield of citric acid. Polysaccharides, unless hydrolyzed, are generally not a useful raw material for citric acid fermentation because they are broken down too slowly to match the high rate of sugar catabolism required for citric acid production. The slow hydrolysis of polysaccharides is due to the low activity of the hydrolytic enzymes at the low pH that is necessary for producing citric acid.

After fermentation, the mold is filtered out of the fermentation broth and citric acid is isolated by precipitating it with calcium carbonate to yield calcium citrate, from which citric acid is regenerated by treatment with sulfuric acid.

Citric acid can be identified using paper chromatography. The stationary phase in paper chromatography is a very uniform absorbent paper. The mobile phase is a mixture of solvents. The paper is suspended in a container with a shallow layer of a mixture of solvents. As the solvent slowly travels up the paper, the different components of the mixtures travel at different speeds and are separated into different coloured spots. The position of the solvent front is marked in pencil and the chromatogram is allowed to dry and then sprayed with color agent. The distance travelled relative to the solvent is called the R_f value. For each compound it can be worked out using the following formula:

$$R_f = \frac{\text{Distance travelled by compound}}{\text{Distance travelled by solvent}}$$

On the other hand, you can easily compare the spots in the mixture with those of the known organic acids, both from their positions and their colors.

Flow Chart of the Comprehensive Experiments

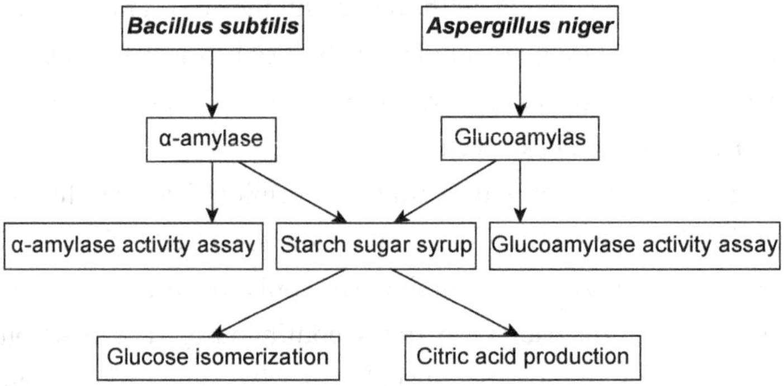

探索性实验
Exploratory Experiments

探索性实验旨在通过一系列的实验设计，将理论部分的酶制剂与5′-核苷酸的制备方法联系起来，利用制备的5′-磷酸二酯酶水解酿酒酵母核糖核酸，获得含5′-肌苷酸和5′-鸟苷酸的呈味核苷酸混合物，并对其进行鉴定。探索性实验与综合性实验和验证性实验不同，每项实验均提供了可选择操作的实验方案，在开拓思路的同时，培养学生在实践中解决问题的能力。

5′-核苷酸的制备
Preparation of 5′-Nucleotides

实验一　酿酒酵母核糖核酸的提取与检测
Experiment Ⅰ　Extraction and Detection of Ribonucleic Acid from Beer Yeast

工业上生产核糖核酸（ribonucleic acid，RNA）最经济的来源是微生物菌体。由于酿酒酵母中RNA的含量高达6%～8%，因而从酿酒酵母中提取RNA是目前生产RNA的主要途径。

从酿酒酵母中提取RNA的主要原理是通过物理、化学、生物或复合方式破壁并提取，常用浓盐法、稀碱法、机械法、氨法、自溶法、酶法等，本实验主要介绍浓盐法和稀碱法。

一、酿酒酵母的预处理（Pretreatment of beer yeast）

由于酿酒酵母泥中含有麦芽、酒花树脂、蛋白质、酒花片屑等，因此在提取RNA前需要经过预处理去除，以免给产品带来苦味或颜色。主要流程如下。

酿酒酵母泥→加水洗涤、离心（3500r/min，10min，下同）（重复3~5次至无泡沫无啤酒味）→过100目筛（除啤酒花及不溶性物质）→0.5%（*m*/*m*）$NaHCO_3$低速搅拌1h（脱苦）→离心、加水洗涤（重复2次）→取沉淀酵母泥。

二、酿酒酵母RNA的提取（Extraction of RNA from beer yeast）

（一）浓盐法（Concentrated salt out method）

利用高浓度盐溶液处理酵母细胞，同时加热以改变酵母细胞壁的通透性，使核酸从细胞内释放出来。

在10%（*m*/*V*）左右的酵母溶液中加入NaCl，使其终浓度为10%（*m*/*V*），于85～100℃水浴中浸取2～4h（使蛋白质变性，破坏RNA水解酶的活性）。将提取液迅速冷却（导致RNA降解的磷酸二酯酶和磷酸酶在 20～70℃时活性最高，应避免在此温度范围内停留过久），

4000r/min 离心 10min 得上清液。将上清液立即冰浴冷却至 10℃以下，用 6mol/L HCl 调节 pH 至 RNA 的等电点 2.0～2.5，于冰水中静置 10min 使沉淀完全，4000r/min 离心 10min，取沉淀。用 95%乙醇充分洗涤沉淀以除去脂类及色素等物质，3000r/min 离心 10min，重复两次。将沉淀冷冻干燥，置–70℃保存备用。

（二）稀碱法（Diluted alkali method）

稀碱溶液可使酵母细胞壁变性，促使酵母细胞膜裂解，且 RNA 可溶于稀碱溶液。

在 10%（*m*/*V*）左右的酵母溶液中加入 NaOH 溶液，使其终浓度为 1%（*m*/*V*），在室温下（20℃）电动搅拌 30～45min，用 6mol/L HCl 中和至 pH7.0，搅拌 10min 后，加热至 90℃，保持 10min，迅速冷却至 10℃以下，离心除去蛋白质和菌体，得澄清上清液，用 6mol/L HCl 调 pH 至 RNA 的等电点 2.0~2.5，低温过夜，离心收集 RNA 沉淀，用 95%乙醇洗涤两次，冷冻干燥，得 RNA 粗制品。

三、RNA 含量和纯度的检测（Analysis of RNA quantity and purity）

核糖核酸组成中的嘌呤和嘧啶具有强烈的紫外吸收，最大吸收峰为 260nm，据此可对核糖核酸进行定量测试。蛋白质在 280nm 处有最大吸收峰，纯 RNA 溶液 A_{260}/A_{280} 为 2，若样品中含有蛋白质则 A_{260}/A_{280} 会减小，因此可依据吸收峰值的比值判定所制备 RNA 的纯度。

1. 样品的制备（Sample preparation）

称取 RNA 干品 0.5g 溶于 10mL 去离子水中，用 5%~6%的氨水调节 pH 至 7.0。

2. RNA 含量测定（RNA content determination）

将待测 RNA 样品配制成浓度为 5～50μg/mL 的 RNA 溶液，于紫外分光光度仪上测定其 A_{260}，按照以下公式计算 RNA 的浓度。

$$\text{RNA 的浓度}(\mu g/mL)=\frac{A_{260}}{0.024\times L}\times N$$

式中，N 为稀释倍数；

L 为比色杯厚度；

0.024 为每毫升溶液中含 1μg/RNA 的光吸收。

3. RNA 纯度测定（RNA purity determination）

取上述溶液测定其 A_{260} 和 A_{280}，计算两者比值得 RNA 的纯度。

实验二　5′-磷酸二酯酶的制备与活力测定

Experiment Ⅱ　Preparation and Activity Assay of 5′-Phosphodiesterase

RNA 是由核糖核苷酸经磷酸二酯键缩合而成的长链状分子。生产 5′-核苷酸常用的方法是酶解法，即由 5′-磷酸二酯酶水解核糖核酸。5′-磷酸二酯酶是一种核酸外切酶，作用于 RNA 分子上 3′-碳原子羟基与磷酸之间的二酯键，生成 4 种 5′-核苷酸，其中 5′-肌苷酸和 5′-鸟苷酸是一类应用广泛的食品鲜味剂。5′-磷酸二酯酶可从富含该酶的啤酒工业副产物麦芽根中提取或通过桔青霉（*Penicillium citrinum*）发酵获得。

一、5′-磷酸二酯酶的制备（Preparation of 5′-phosphodiesterase）

（一）提取法（Extraction method）

研磨过筛后的麦芽根按质量比 1∶8 加去离子水浸提，用 1mol/L HCl 或 1mol/L NaOH 调整初始 pH 至 5.5～6.0。加入 0.1mol/L pH6.0 的柠檬酸-Na_2HPO_4缓冲液 1mL，置于 40℃水浴锅中提取 3h，3500r/min 离心 20min 取上清液，得 5′-磷酸二酯酶粗酶液，置于 4℃冰箱备用。

（二）发酵法（Fermentation method）

用一定量 0.2%无菌吐温-80 溶液洗下试管斜面上的桔青霉孢子，按 1%的接种量接入种子培养基，于 30℃ 180r/min 条件下振荡培养 24h，按 5%的接种量将菌液接种至发酵培养基中，相同条件下振荡培养 24h。发酵液经过滤、离心、超滤、硫酸铵沉淀后得粗酶制剂。

二、5′-磷酸二酯酶活力测定（5′-phosphodiesterase activity assay）

核酸底物与酶一起保温反应后，加入核酸沉淀剂终止酶反应，离心除去未被降解的核酸，通过测定上清液的光吸收值计算 5′-磷酸二酯酶的活力。

1.9mL 底物溶液（含有 1% RNA，0.125mol/L pH5.1 的乙酸缓冲液，1mmol/L $ZnSO_4$）于 67℃条件下恒温水浴保温 10min，加入 0.1mL 经适当稀释的酶液（稀释倍数为 a），再次保温 15min，立即冰浴振荡数秒后加入预冷的核酸沉淀剂（0.025g 钼酸铵和 0.375mL 70%高氯酸溶于 10mL 去离子水中）2.0mL，继续冰浴 20min 后，3000r/min 离心 5min。取 0.1mL 上清液用去离子水定容至 5mL。另取 1.9mL 底物溶液于 67℃条件下恒温水浴 25min，加入预冷的沉淀剂，按照样品测试方法立即冰浴振荡，再加入酶液为空白对照。

测定样品与空白对照在 260nm 处的吸光值 A_{260} 并计算二者之差。在上述条件下，每分钟能使生成的核苷酸在 260nm 处吸光值的差值为 1.0 的酶量，定义为 1 个酶活力单位，计算公式如下。

$$酶活力(U/mL)=\frac{A_{260}\times a\times 4\times b}{0.1\times 15}$$

式中，a 为原酶液的稀释倍数；

b 为离心后上清液的稀释倍数；

A_{260} 为样品与空白对照吸光度值的差值。

实验三 5′-核苷酸的制备与鉴定

Experiment Ⅲ Preparation and Identification of 5′-Nucleotides

在适宜条件下，利用获得的 5′-磷酸二酯酶水解 RNA，得到 4 种 5′-核苷酸的混合物，利用纸层析或高效液相色谱法对其进行鉴定。

一、5′-核苷酸的制备（Preparation of 5′-nucleotides）

将 1g RNA 用去离子水定容至 100mL，向 10mL 新鲜酶液中添加 Zn^{2+} 使其终浓度为 0.008mol/L

（可提高 5′-磷酸二酯酶的耐热性，使其他不耐热的酶失活），于 60～70℃水浴中加热 10min。将预处理后的酶液加入上述已配好的 RNA 溶液中，调 pH 为 7.0 左右，75℃水浴中酶解 2h。5000r/min 离心 10min，上清液即 5′-核苷酸混合液，置于 4℃冰箱保存。

二、5′-核苷酸的鉴定（Identification of 5′-nucleotides）

（一）纸层析法（Paper chromatography）

纸层析法依据极性相似相溶原理，利用 4 种 5′-核苷酸在同一介质中分配系数的不同，导致各组分扩散速度和移动距离不同，最后形成相互分离的斑点，在紫外线下可看到斑点的位置。

1. 准备（Preparation）

在距层析滤纸（长 25cm，宽 15cm）下端边缘 2cm 处用铅笔画一条平行于底边的直线，在直线上做 5 个标记，间隔 1.5~2.0cm。

2. 点样（Sample loading）

用毛细管分别取适量（5μL 左右）标准样品（浓度为 5μg/mL）和不同稀释度的待测样品，点在已标记好的 5 个位置上，待干后重复点样 2~3 次。

3. 层析（Chromatography）

将点样后的滤纸固定成筒状（边缘不能接触），直立于盛有展层剂的层析缸中，点样一端在下，液面距点样线约 1cm，层析 12～16h。

4. 观察（Observation）

当展层剂距滤纸上端约 2cm 时停止层析，在紫外波长 254nm 下观看层析斑。

（二）高效液相色谱法（High performance liquid chromatography, HPLC）

呈味 5′-肌苷酸（5′-IMP）和 5′-鸟苷酸（5′-GMP）均为亲水性强的极性小分子物质，且化学性质极其相似，可用反相液相色谱法和离子交换液相色谱法对其进行测定。离子交换液相色谱分离效率高，但分析时间较长，反相液相色谱法操作简便、快速，是一种常用的鉴定方法。

1. 标准品制备（Preparation of standard samples）

准确称量 5′-核苷酸标准品 0.01g 用超纯水定容至 5mL，同时用超纯水将待测 5′-核苷酸溶液稀释一定倍数，过 0.22μm 滤膜后备用。

2. 分析条件（Analysis conditions）

分离柱：μBondapak C18。

流动相：水：甲醇：冰醋酸：四丁基氢氧化铵（10%）=894.5：100：5：0.5。

检测波长：254nm。

流速：1mL/min。

柱温：25℃。

进样量：10μL。

3. 定性与定量（Qualitative and quantitative）

在上述色谱条件下，先对 5′-核苷酸标准溶液进行分析，以保留时间进行定性测试，再以峰面积外标法进行定量测试。

Essentials of Exploratory Experiments

Production of 5′-Nucleotides from Beer Yeast by Using 5′-Phosphodiesterase Extracted from Malt Root

Flavour enhancers play a very important role in food industry. This exploratory experiments offer the optional method for production of flavouring compounds.The 5′-phosphodiesterase (5′-PDE) extracted from malt root is used as a catalyst to hydrolyze the ribonucleic acid (RNA) that is obtained from yeast to produce 5′-nucleotides.

1. Extraction of RNA from beer yeast

Yeast has been evaluated as a possible source of RNA because of its high RNA content. The yeast is often obtained from a pure culture of yeasts such as *Saccharomyces cerevisiae* in brewing processor. RNA can be released and extracted from yeast cells by alteration of cellular permeability using concentrated salt method or dilute alkali method . It can also be hydrolyzed to 5′-nucleotides including 5′-inosine monophosphate (5′-IMP) and 5′-guanosine monophosphate (5′-GMP), which are used as flavour enhancers.

2. Extraction of 5′-phosphodiesterase from malt root

5′-Phosphodiesterase (5′-PDE) is an enzyme that hydrolyses RNA to a mixture of ribonucleotides, from which the flavour enhancers, 5′-GMP and 5′-IMP can be isolated. Malt root is an ideal raw material obtained as a by-product from malting industry. It can be serve as a cheap enzyme source for production of 5′-nucleotides from RNA because of its richness in 5′-PDE. The high thermal stability of 5′-PDE can be further enhanced with the introduction of Zn^{2+} and often treated at 60-70℃ for separation this enzyme from others.

3. Degradation of nucleic acid by 5′-PDE and identification of the products

The prepared 5′-PDE is incubated in yeast RNA solution, at 75℃ for 2h to degrade RNA into mononucleotides. 5′-nucleotides are the major products derived from the hydrolysis of the yeast RNA. They can be qualitatively identified by paper chromatography, and also analyzed qualitatively and quantitatively by reversed-phased high performance liquid chromatography (RP-HPLC).

主要参考文献

References

Dziedzic S Z, Kearsley M W. 1995. Handbook of Starch Hydrolysis Products and Their Derivatives. New York: Springer.

Ghosh R. 2006. Principles of Bioseparations Engineering. Singapore: World Scientific Publishing Co. Pte. Ltd.

Hara K Y, Kim S, Kiriyama K, et al. 2012. An energy-saving glutathione production method from low-temperature cooked rice using amylase-expressing *Saccharomyces cerevisiae*. Biotechnology Journal, 7(5): 686-689.

Hermann T. 2003. Industrial production of amino acids by coryneform bacteria. Journal of Biotechnology, 104(1-3): 155-172.

Kumar R, Vikramachakravarthi D, Pal P. 2014. Production and purification of glutamic acid: a critical review towards process intensification. Chemical Engineering and Processing, 81: 59-71.

Liu D R, Zhu Y, Beeftink R, et al. 2004. Chinese vinegar and its solid-state fermentation process. Food Reviews International, 20(4): 407-424.

Mozzi F, Raya R R, Vignolo G M. 2010. Biotechnology of Lactic Acid Bacteria: Novel Applications. Hoboken: Wiley-Blackwell.

Ray R C, Montet D. 2014. Microorganisms and Fermentation of Traditional Foods. Boca Raton FL: CRC Press.

Spaans S K, Ruud A. 2015. NADH-generating systems in bacteria and archaea. Frontiers in Microbiology, 742: 13.

Todaro C M, Vogel H C. 2014. Fermentation and Biochemical Engineering Handbook. 3th ed. Norwich: William Andrew.

Whitaker A. 1999. Principles of Fermentation Technology. 2th ed. Singapore: Butterworth-Heinemann.

Wu Q, Zhu W A, Wang W, et al. 2015. Effect of yeast species on the terpenoids profile of Chinese light-style liquor. Food Chemistry, 168: 390-395.

英汉名词对照表

Terms in English and Chinese

A

Absidia	犁头霉属
acetification	醋化
absolute filtration	绝对过滤
acetaldehyde	乙醛
acetic acid	乙酸
Acetobacterium	醋酸杆菌
Acetomonas	醋单孢菌
acetone	丙酮
acetyl-CoA	乙酰辅酶 A
acetylphosphate	乙酰磷酸
acidolysis	酸解
acidophile	嗜酸菌
acidulant	酸味剂
aconitase	顺乌头酸酶
active carbon	活性炭
adenylosuccinate, SAMP	腺苷酸琥珀酸
adjunct	辅料
aeration	通气
aerobic fermentation	好氧发酵
aerobic metabolism	有氧代谢
aerobic microorganism	好氧微生物
aging	熟化
agrochemicals	农用化学品
air compressor	空气压缩机
air pretreatment	空气预处理
air-collecting tower	采风塔
airflow drying	气流干燥
air-lift fermenter	气升式发酵罐
alcohol	乙醇
alcoholic beverage	酒精饮料
algae	藻类
alkalophile	嗜碱菌
alkylating agent	烷化剂
amino acid	氨基酸
ammonia	氨
ammonium	铵
ammonium sulphate	硫酸铵
amylase	淀粉酶
amylopectin	支链淀粉
amylose	直链淀粉
anaerobic fermentation	厌氧发酵
anion exchange resin	阴离子交换树脂
antibacterial circle	抑菌圈
antibiotic	抗生素
antimicrobial activity	抗菌活性
antimicrobial substance	抗菌物质
antimycin A	抗霉素 A
antioxidant	抗氧化剂
antisepsis	防腐
aqueous two-phase extraction	双水相萃取
Arthrobacter	节杆菌
asparagine	天冬酰胺
aspartate	天冬氨酸盐
aspartic semialdehyde	天冬氨酸半醛
Aspergillus	曲霉属
Aspergillus niger	黑曲霉
Aspergillus oryzae	米曲霉
Aspergillus sojae	酱油曲霉
atmospheric evaporation	常压蒸发
Aureobacidium pullulans	出芽短梗霉
auxanogram	生长谱
auxotroph	营养缺陷型
azeotropic distillation	共沸精馏

B

Bacillus	芽孢杆菌属
Bacillus cereus	蜡状芽孢杆菌
Bacillus megatherium	巨大芽孢杆菌

Bacillus natto	纳豆芽孢杆菌
Bacillus subtilis	枯草芽孢杆菌
bacteriocin	细菌素
bacteriology	细菌学
bacteriophage	噬菌体
bacterium	细菌
baker's yeast	面包酵母
barley	大麦
basal medium	基础培养基
base analog	碱基类似物
batch culture	分批培养
batch sterilization	分批灭菌
beer	啤酒
Bifidobacterium	双歧杆菌属
biocatalyst	生物催化剂
biofilm	生物膜
bio-hazard	生物危害
biological mutagenesis	生物诱变
biomass	生物量
bioreactor	生物反应器
biotin	生物素
biotransformation	生物转化
Blakeslea trispora	三孢布拉霉
bran hydrolysate	麸皮水解液
bran koji	麸曲
Brandy	白兰地
breed	繁殖
Brevibacterium	短杆菌属
Brevibacterium flavum	黄色短杆菌
brew	酿造
brine	卤水，盐水
brix	白利糖度
broth cultivation	肉汤培养法
brownian diffusion	布朗扩散
butanol	丁醇
bypass	支路

C

calcium phosphate	磷酸钙
Candida	假丝酵母属
Candida utilis	产朊假丝酵母
caramel	焦糖
carbohydrate	碳水化合物
carbon source	碳源
carboxylase	羧化酶
casein	干酪素，酪蛋白
catabolism	分解代谢
cation exchange resin	阳离子交换树脂
cell disruption	细胞破碎
centrifugation	离心
centrifuge	离心机
champagne	香槟
cheese	奶酪
chemical mutagenesis	化学诱变
chemical permeation	化学渗透
chemostat culture	恒化培养
Chinese liquor	白酒
Chinese yeast	酒药
chromatography	色谱，层析
chromosomal mutation	染色体突变
chymosin	凝乳酶
citrate synthase	柠檬酸合成酶
citric acid	柠檬酸
clarification	澄清
clarifying filtration	澄清过滤
coagulation	凝固
cobalt	钴
complete medium	完全培养基
complex precipitation	复合沉淀法
composition reaction	复合反应
concentration	浓缩
condensation	凝聚
condiment	调味品
constitutive mutant	组成型突变株
contamination	污染
continuous culture	连续培养
continuous sterilization	连续灭菌
copper	铜
Cordyceps sinensis	冬虫夏草
corn steep liquor	玉米浆

Corynebacterium 棒杆菌属
Corynebacterium glutamicum 谷氨酸棒杆菌
Corynebacterium pekinense 北京棒杆菌
cotton-seed meal 棉籽饼粉
critical pressure, Pc 临界压力
critical temperature, Tc 临界温度
crystallization 结晶
culture 培养
curd 凝乳
cyanide 氰化物
cyclone separator 旋风分离器
cytoplasm 细胞质

D

deaminase 脱氨酶
death phase 衰亡期
debranching enzyme 脱支酶
decanter centrifuge 倾析式离心机
decolorization 脱色
decomposition reaction 分解反应
defoaming 消泡
degradation 降解
dehydrogenase 脱氢酶
depth filtration 深层过滤
dextrin 糊精
dextrose 右旋糖，葡萄糖
dextrose equivalent, DE 葡萄糖值，葡萄糖当量值
dialysis 渗析
diaminopimelate 二氨基庚二酸
diethyl sulfate 硫酸二乙酯
differential medium 鉴别培养基
diffusion-membrane separation 扩散膜分离
dihydrodipicolinate 二氢吡啶二羧酸
dilution spread method 稀释涂布法
disc separator 碟式分离机
disinfection 消毒
dissolved oxygen, DO 溶氧
distillation 蒸馏
distilled liquors 蒸馏酒
downstream processing 下游加工过程
drum vacuum filter 转鼓真空过滤机
dry heat sterilization 干热灭菌
dry red wine 干红葡萄酒
dry white wine 干白葡萄酒
Dunaliella salina 盐生杜氏藻

E

edible pigment 食用色素
electrodialysis 电渗析
electro-membrane separation 电场膜分离
electrostatic attraction 静电吸引
electrostatic sterilization 静电除菌
Embden-Meyerhof-Parnas (EMP) pathway 糖酵解途径
emulsifier 乳化剂
endogenous regulation 内源调节
endotoxin 内毒素
enriched medium 加富培养基
enzymatic hydrolysis 酶解法
enzyme 酶
enzyme preparation 酶制剂
eosin methylene blue, EMB 伊红美蓝
epimerase 差向异构酶
Escherichia coli 大肠杆菌
esterification 酯化
ester-producing yeast 产酯酵母
ethanol 乙醇，酒精
ethylmethane sulfonate, EMS 甲基磺酸乙酯
evaporation 蒸发
excretion 分泌
exponential phase 指数生长期
exogenous regulation 外源调节
exon 外显子
extractant 萃取剂
extraction 萃取

F

facultative anaerobic fermentation 兼性厌氧发酵
fast neutron 快中子

fed-batch culture 补料分批培养
feedback inhibition 反馈抑制
feedback repression 反馈阻遏
fermentation 发酵
fermenter 发酵罐
filamentous fungi 丝状真菌
filter aid 助滤剂
filter cake filtration 滤饼过滤
filter cartridge 过滤筒
filtration 过滤
fine filter 精过滤器
fixation 固定
flavoprotein, FP 黄素蛋白
flavor 风味
flavour enhancer 风味强化剂
flocculation 絮凝
foam 泡沫
food additives 食品添加剂
food gums 食品胶
formic acid 甲酸
freeze drying 冷冻干燥
fructo-oligosaccharides, FOS 低聚果糖
fructose 果糖
fructose-glucose syrup 果葡糖浆
fumarase 延胡索酸酶
fumarate 延胡索酸
functional group 功能基团
fungal polysaccharide 真菌多糖
fungicide 杀真菌剂
fungus 真菌
fusant 融合子

G

galactooligosaccharides, GOS 低聚半乳糖
galactose 半乳糖
gamma ray γ 射线
ganoderan 灵芝多糖
Ganoderma lucidum 灵芝
gelatinization 糊化
gene mutation 基因突变
genetic engineering 基因工程
germination 出芽
Glucoamylase 葡萄糖淀粉酶，糖化酶
gluconic acid 葡萄糖酸
Gluconobacter 葡萄糖氧化杆菌属
glucose 葡萄糖
glutamate 谷氨酸盐
glutamic acid 谷氨酸
glutathione, GSH 谷胱甘肽
glyceraldehyde-3-phosphate 3-磷酸甘油醛
glycerol 甘油
glycogenesis 糖原合成
glycol 乙二醇
glycolytic pathway 糖酵解途径
glycomacropeptide 糖巨肽
glyoxylate cycle 乙醛酸循环
granulation 造粒
gravity settling 重力沉降
growth factor 生长因子
guanosine 鸟苷
guanosine monophosphate, GMP 鸟苷酸，鸟苷-磷酸
gypsum 硫酸钙

H

Hansenula 汉逊酵母属
heterolactic fermentation 异型乳酸发酵
hexokinase 己糖激酶
hexose mono phosphate, HMP 己糖单磷酸
high fructose syrup 高果糖浆
high pressure homogenization 高压匀浆法
homogenization 均质
homolactic fermentation 同型乳酸发酵
homoserine 高丝氨酸
hops 啤酒花
hormone 激素
host 宿主
hybridization breeding 杂交育种
hydratase 水合酶
hydrocarbon 烃类

hydrolysis	水解
hydrophobic	疏水性
hyper-thermophile	超嗜热菌

I

immobilized cell	固定化细胞
immobilized enzyme	固定化酶
incubation	培育，繁殖
inducer	诱导物
inertial impaction	惯性碰撞
inoculation	接种
inoculation size	接种量
inoculum development	种子扩大培养
inorganic salt	无机盐
inosine	肌苷
inosine monophosphate, IMP	肌苷酸
inositol	肌醇
insecticide	杀虫剂
interception	阻滞截留
intermittent sterilization	间歇灭菌
ionizing radiation	电离辐射
isoamylase	异淀粉酶
Isocitrate	异柠檬酸，异柠檬酸盐
isoelectric point	等电点
isolation	分离
isoleucine	异亮氨酸
isomalto-oligosaccharide	低聚异麦芽糖
isomerase	异构酶
isomerization	异构化

K

kilning	焙焦
koji	曲

L

labile zone	不稳区
lactate dehydrogenase, LDH	乳酸脱氢酶
lactic acid	乳酸
lactic acid bacteria, LAB	乳酸菌
Lactobacillus	乳杆菌属
Lactobacillus acidophilus	嗜酸乳杆菌
Lactobacillus breris	短乳杆菌
Lactobacillus casei	干酪乳杆菌
Lactobacillus delbrueckii subsp. *bulgaricus*	德式保加利亚乳杆菌
lactosucrose	低聚乳果糖
lentinan	香菇多糖
Lentinus edodes	香菇
leucine	亮氨酸
Leuconostoc	明串珠菌属
limit dextrinase	极限糊精酶
lipase	脂肪酶
lipopolysaccharide	脂多糖
liquefaction	液化
liquid medium	液体培养基
liquor	溶液，液体
logarithmic phase	对数期
lyase	裂解酶
lyophilization	冻干
lysine	赖氨酸
lysogenic strain	溶源性菌株

M

MacConkey agar, MAC	麦康凯琼脂培养基
maceration	浸渍
macromolecule	大分子
maize	玉米
major element	大量元素
malate	苹果酸盐（或酯）
malic acid	苹果酸
malolactic fermentation	苹果酸乳酸发酵
malt	麦芽
maltodextrine	麦芽糊精
manganese	锰
mannose	甘露糖
matrix	骨架，基质
maturation	陈酿
medium	培养基
membrane	膜
mesophile	嗜温菌

metabolism	新陈代谢
metabolite	代谢物
metastable zone	介稳区
methionine	蛋氨酸
microbe	微生物
microbiology	微生物学
micrococcus	微球菌
microfiltration, MF	微滤
microorganism	微生物
microscope	显微镜
minimal medium, MM	基本培养基
miso	日本豆面酱
mitochondria	线粒体
moist heat sterilization	湿热灭菌
molasses	糖蜜
molybdenum	钼
monascorubin	红曲色素
Monascus	红曲霉属
Monascus purpureus	紫色红曲霉
mononucleotide	单核苷酸
monosodium glutamate	味精，谷氨酸钠
mould	霉菌
mucor	毛霉属
Mucor mucedo	高大毛霉
Mucor racemosus	总状毛霉
Mucor roxianus	鲁氏毛霉
must	未发酵苹果汁
mutation	突变
mutation breeding	诱变育种
mutation screening	诱变筛选

N

nanofiltration, NF	纳滤
natto	纳豆
nattokinase	纳豆激酶
negative mutation	负突变
neutralization	中和
nisin	乳链菌肽，乳酸菌素
nitrate	硝酸盐
nitrogen source	氮源
nitroso guanidine, NTG	亚硝基胍
nitrous acid	亚硝酸
nonfat milk	脱脂牛奶
nonionizing radiation	非电离辐射
nucleation	成核
nucleic acid	核酸
nucleoside	核苷
nucleotide	核苷酸
nutrient supplement	营养强化剂

O

oleic acid	油酸
oligosaccharide	低聚糖
organic acid	有机酸
organic solvent	有机溶剂
oxaloacetate	草酰乙酸盐（或酯）
oxaloacetic acid	草酰乙酸

P

packed-bed	填充床
paracasein	副酪蛋白
parameter	参数
parasexual reproduction	准性生殖
pasteurization/pasteurisation	巴氏杀菌
pea	豌豆
peanut meal	花生饼粉
pectinase	果胶酶
Pediococcus	片球菌属
Pediococcus halophilus	嗜盐片球菌
penicillin	青霉素
Penicillium	青霉属
pentose	戊糖
pentose phosphate pathway	磷酸戊糖途径
peptide	肽
peptone	蛋白胨
permeability	渗透性
phage transfection	噬菌体转染
phenolics	酚
phospho transacetylase	磷酸转乙酰酶
phosphodiesterase	磷酸二酯酶

phosphoenol pyruvate, PEP	磷酸烯醇式丙酮酸
phosphofructokinase	磷酸果糖激酶
phosphoketolase pathway, PK	磷酸解酮酶途径
phospholipid	磷脂
phosphoribosyl pyrophosphate, PRPP	磷酸核糖焦磷酸
phosphorus	磷
physical mutagenesis	物理诱变
physiological acid substance	生理酸性物质
physiological alkaline substance	生理碱性物质
Pichia	毕赤酵母属
pickle	泡菜，腌菜
pigment	色素
plate and frame filter press	板框压滤机
plate heat exchanger	薄板换热器
plate streak cultivation	平板划线培养
polyether	聚醚
polyethylene	聚乙烯
polyethylene glycol, PEG	聚乙二醇
polypeptide	多肽
polysaccharide	多糖
positive mutation	正突变
precipitation	沉淀法
precursor	前体物
preservative	防腐剂
pressure filtration	加压过滤
pressure-driven separation	加压膜分离
primary metabolism	初级代谢
primary metabolites	初级代谢产物
primary screening	初筛
probiotics	益生原，益生菌
product polishing	成品加工
protease	蛋白酶
protoplast	原生质体
protoplast fusion	原生质体融合
PRPP amidotransferase	磷酸核糖焦磷酸转酰胺酶
psychrophile	嗜冷菌
pullulan	普鲁蓝糖
pullulanase	普鲁蓝酶
pure culture	纯培养
purification	纯化
purines	嘌呤
pyrimidines	嘧啶
pyruvate	丙酮酸

R

radiation sterilization	辐射灭菌
recombination technology	重组技术
recombinant DNA technology	重组 DNA 技术
recombinant product	重组产品
reductase	还原酶
reduction vaporization	减压蒸发
reductive amination	还原氨基化反应
reflux	回流
rejuvenation	复壮
residual sugar	残糖
residue	残渣
resin	树脂
resistant mutant	抗性突变株
respiration	呼吸
respiratory chain	呼吸链
retort experiment	曲颈瓶实验
retrogradation	老化
reverse osmosis, RO	反渗透
Rhizopus	根霉属
Rhizopus chinensis	华根霉
Rhizopus nigricans	黑根霉
Rhizopus oryzae	米根霉
Rhodotorula	红酵母属
ribulose-5-phosphate	5-磷酸核酮糖
rice bran	米糠
rice wine	米酒，黄酒

S

saccharification	糖化
saccharifying agent	糖化剂
Saccharomyces	酵母属
Saccharomyces cerevisiae	酿酒酵母
Saccharomyces rouxii	鲁氏酵母

sake	日本清酒
salicylhydroxamic acid, SHAM	水杨酸酰异羟肟酸
salicylic acid	水杨酸
salting-in	盐溶
salting-out	盐析
secondary metabolism	次级代谢
secondary metabolite	次级代谢产物
secondary screening	复筛
sedimentary centrifuge	沉降离心机
seed age	种龄
seeding yeast	酒母
selective medium	选择性培养基
self-priming fermentor	自吸式发酵罐
semi-defined medium	半合成培养基
separation	分离
separator	分离机
set-style yogurt	凝固型酸奶
sexual reproduction	有性生殖
single cell protein, SCP	单细胞蛋白
single colony	单菌落
solid medium	固体培养基
solidification	固化
sorghum	高粱
soy meal	大豆粉
soy paste	豆酱
soy sauce	酱油
soya meal	大豆粕
soybean cheese	大豆乳酪
soy-flavor	豉香
sparge	喷雾，喷洒
spirit	白酒
spirulina	螺旋藻
spoilage	（食品等的）腐败
spontaneous generation	自然发生说
spore	孢子
spray drying	喷雾干燥
spray granulation	喷雾制粒
stabilizer	稳定剂
stable zone	稳定区
standardization	标准化
starch	淀粉
starch-hydrolyzed sugar	淀粉水解糖
starter culture	发酵剂
stationary phase	静止期
steam	蒸汽
sterilization	灭菌
sterols	甾醇
stirred aerated tank reactor	通气搅拌发酵罐
stirred yogurt	搅拌型酸奶
strain breeding	菌种选育
streaking method	划线法
Streptococcus	链球菌属
Streptococcus thermophilus	嗜热链球菌
structural analogues	结构类似物
submerged fermentation	液体深层发酵
submicelle	逊胶束
suboptimal	亚适量
substrate	底物
succinate	琥珀酸盐
succinyl-CoA	琥珀酰辅酶 A
sufu	豆腐乳
sulfuric acid	硫酸
supercritical fluid, SCF	超临界流体
surface cultivation	表面培养
synthetase	合成酶
synthetic medium	合成培养基
syrup	糖液

T

temperate phage	温和噬菌体
texturizers	组织改良剂
therapeutic agents	治疗性药物
thermophile	嗜热菌
thickener	增稠剂
Torulopsis	球拟酵母属
toxin	毒素
trace element	微量元素
transparent circle	透明圈
transposon insertion	转座子插入
Tremella fuciformis	银耳

tremellan	银耳多糖
tricarboxylic acid cycle, TCA	三羧酸循环
tryptone	胰蛋白胨
turbidostat culture	恒浊培养

U

ubiquinone	辅酶 Q
ultrafiltration, UF	超滤
ultrasonication	超声波法
ultraviolet, UV	紫外线
upstream processing	上游过程
urea	尿素

V

vaccine	疫苗
vacuum drying	真空干燥
vacuum filtration	真空过滤
valine	缬氨酸
vapor-liquid separator	气液分离器
ventilation	通风
vinegar	食醋
vinegar seed	醋母
virulent phage	烈性噬菌体
virus	病毒
viscosity	黏度
vitamin	维生素

W

whey	乳清
Whisky	威士忌
wine	葡萄酒
wire mesh	金属丝网
wort	麦芽浆

X

X ray	X 射线
xanthan gum	黄原胶
Xanthomonas campestris	野油菜黄单胞菌
xanthosine monophosphate, XMP	黄苷酸
xylan	木聚糖
xylo-oligosaccharide	低聚木糖
xylulose-5-phosphate	5-磷酸木酮糖

Y

yeast	酵母（菌）
yeast extract	酵母提取物
yellow rice wine	黄酒
yoghurt	酸奶

Z

zinc	锌

其他

α-ketoglutaric acid	α-酮戊二酸
α-oxoglutarate dehydrogenase	α-酮戊二酸脱氢酶
β-carotene	β-胡萝卜素
β-galactosidase	β-半乳糖苷酶
6-phosphogluconate	6-磷酸果糖